SAMMLUNG: ERLEBTE BIOLOGIE

Dr. JOACHIM ILLIES

Wir beobachten und züchten Insekten

KOSMOS · GESELLSCHAFT DER NATURFREUNDE
FRANCKH'SCHE VERLAGSHANDLUNG STUTTGART

Umschlag von Edgar Dambacher. Mit 75 Abbildungen im Text. Die Abbildungen wurden aus folgenden Werken des Verlages entnommen:

Kosmos-Lexikon der Naturwissenschaften
Bechyně, Welcher Käfer ist das?
Forster-Wohlfahrt, Die Schmetterlinge Mitteleuropas
Gößwald, Unsere Ameisen
Kosmos · Die Zeitschrift für alle Freunde der Natur

4. Auflage / 7. Tausend
Franckh'sche Verlagshandlung, W. Keller & Co., Stuttgart / 1974 / Printed in Germany / Imprimé en Allemagne / LH 14 be / ISBN 3-440-02799-6 / Druck: Omnitypie-Gesellschaft, Nachf. Leopold Zechnall, Stuttgart

WIR BEOBACHTEN UND ZÜCHTEN INSEKTEN

EINLEITUNG

Noch vor fünfzig Jahren gab es kaum einen Schüler, der nicht stolzer Besitzer einer Schmetterlings- oder Käfersammlung war, Vogeleier oder Schnecken suchte, Mineralien eintrug oder Pflanzen preßte. Wer selbst nicht dazugehörte, der hatte von der Tätigkeit des Insektensammlers nur die undeutliche und etwas unheimliche Vorstellung, daß die Tiere getötet und auf Nadeln aufgespießt würden, um dann in Kästen untergebracht zu werden.

Es war die Zeit, in der Hermann Löns sagte, ein Maikäfer sei ein Tier, das drei oder vier Beine besitze, es in sehr gut gepflegten Sammlungen manchmal aber auf fünf und in der freien Natur sogar auf sechs Beine bringen könne. Unsterbliches Symbol dieser vergangenen Zeit war der „Forscher" mit Schmetterlingsnetz, Regenschirm und Botanisiertrommel, der gelegentlich in Wald und Feld, regelmäßig aber in jedem Witzblatt anzutreffen war.

Einige der damals jungen Insektenfreunde sind später berühmte Forscher geworden, und ihnen verdanken wir fast alles, was wir heute über die Kerbtiere wissen. Die meisten aber legten nach Ende der Schulzeit ihre Insektensammlung beiseite und rührten sie nicht wieder an, bis vielleicht eines Tages Söhne oder Enkel in einer verborgenen Ecke des Bodens die Kästen oder das, was Staub, Grünspan und Motten von ihnen übrig gelassen hatten, wieder hervorzogen, ohne etwas Rechtes damit anfangen zu können.

Wer sammelt heute schon Insekten? Es scheint eine Sache zu sein, die so gründlich aus der Mode gekommen ist wie Zylinderhüte, Poesiealben und Guitarrenbänder — letzte Reste der späten Biedermeierzeit.

Und doch ist die Wunderwelt der Insekten für den heutigen Menschen, den Schüler wie den Erwachsenen, nicht weniger anziehend, nicht weniger interessant und verlockend geworden, als sie es früher war. Nur wollen wir heute nicht mehr sammeln um des Sammelns willen; wir wollen lebende Tiere beobachten und belauschen, wollen kennen lernen, wie sich ihr Dasein abspielt, wollen sie züchten und ihre Entwicklung miterleben und einen Einblick finden in das Zusammenwirken der verschiedenen Arten und Einzelwesen, die zusammen mit der belebten und unbelebten Umwelt ihres Lebensraumes ein Stückchen der Natur darstellen. Wir wollen heute — um es mit einem Wort zu sagen — Ökologie treiben, und so soll dieses Buch mit seinen einfachen Beispielen und Anleitungen für Züchtung und Beobachtung zugleich eine kleine Einführung in die Ökologie und ihre Methoden sein.

Weder komplizierte Gerätschaften noch Reisen in abgelegene Sammelgebiete werden wir für unser Vorhaben benötigen. Unsere schlichte Ausrüstung — Notizbuch, Marmeladengläser und Teller — wird uns niemals Schwierigkeiten machen, und unser Beobachtungsgebiet ist die Umgebung des Dorfes oder der Stadt, in der wir wohnen.

Notwendig aber werden wir das brauchen, was zu allen Zeiten das wichtigste Rüstzeug bei der Erforschung der Insekten war: scharfe Augen, Geduld und ein Herz voll Begeisterung und Liebe für die geheimnisvolle Welt dieser Tiere.

1

WAS IST EIN INSEKT?

Die Insekten, Kerbtiere, Kerfe oder Hexapoden bilden im System der Organismen eine eigene Klasse und gehören zusammen mit anderen Gruppen (z. B. Spinnen, Tausendfüßern, Krebsen) zum Tierstamm der Gliederfüßer (Arthropoden).

Die Gliederfüßer stellen einen der beiden großen und weitverzweigten Äste an der Spitze des Lebensbaumes dar, in denen das tierische Dasein auf unserer Erde seine höchsten Organisationsstufen erreicht hat; den anderen bilden die Wirbeltiere. Gemeinsam ist diesen beiden Gruppen, daß sie ein gegliedertes und in Gelenken bewegliches Skelett besitzen, das ihren Körpern eine feste Form gibt und ihren Gliedern komplizierte Bewegungen gestattet. Gemeinsam sind ihnen weiterhin auch der Besitz eines gegliederten Nervensystems, das bei hochentwickelten Formen zu großen Leistungen fähig ist (Instinkte, Intelligenz), das Vorhandensein von Gefäßen, mit denen die Körperflüssigkeit in einer Kreislaufbewegung gehalten wird, und manche weiteren Baueigentümlichkeiten.

Trotz diesen Gemeinsamkeiten, die wir heute als das Erbgut gemeinsamer Vorfahren ansehen, sind die Unterschiede zwischen Gliederfüßern und Wirbeltieren sehr groß. Es sieht aus, als ob die Natur vom gleichen Ausgangspunkt her auf zwei getrennten Wegen zwei Typen schaffen wollte, die verschieden sind, von denen jeder aber einer vollen Entfaltung zu größter Organisationshöhe fähig ist.

Der auffallendste dieser Unterschiede liegt in der Substanz, im Bau und in der Funktion des S k e l e t t e s. Bei Wirbeltieren bilden die hauptsächlich aus phosphorsaurem Kalk bestehenden Knochen ein im Innern des Körpers und der Gliedmaßen ruhendes Stützskelett, auf dem die Muskeln und anderen Organe aufliegen. Eine lebende, weiche Körperhaut schließt den Organismus nach außen ab.

Die Gliedertiere dagegen haben kein Stützskelett, keine Knochen. Ihr gesamter Körper ist dafür von einem Hautpanzer umgeben, der aus einer leblosen, von den Hautzellen ausgeschiedenen Substanz besteht: dem C h i t i n. So wie ein mittelalterlicher Ritter seinen Körper vor allen Angriffen schützte, indem er sich allseitig mit einer Rüstung umgab, sind auch die zarten Körper aller Gliederfüßer von einem Panzer aus Chitin umhüllt. Dies gilt für den Taschenkrebs sowohl wie für die Fliegenmade, die Mücke oder die Spinne — nur ist der Panzer bei den einzelnen Arten unterschiedlich dick. Das Chitin, aus dem er besteht, ist ein erstaunlich vielseitiger Stoff: in dünnen Schichten ist er weich und dehnbar wie eine Gummimembran, dazu durchsichtig und luftdurchlässig, wie bei den zarten Kiemenbläschen der Krebse. In dickeren Schichten aber, manchmal nach Einlagerung von anderen Substanzen, ist er steinhart, wie in den Scheren der Krebse. So kann das Chitin bei den Gliederfüßern zugleich harter Schutzpanzer sein, an den Gelenken die zarten und elastischen Gelenkhäute bilden und an den Muskelansätzen die Sehnen. Sowohl für den spitzen Stachel des Skorpions wie für die hauchdünnen Flügel einer Libelle ist es ein nie versagendes Baumittel.

Weiterhin ist der gegliederte, sich wiederholende Aufbau des Körpers ein gemeinsames Erbgut von Wirbeltieren und Gliedertieren. Bei Wirbeltieren ist die Gliederung allerdings nur noch an wenigen Organen zu erkennen; sie wird vor allem in den aneinander gereihten Wirbelkörpern der Wirbelsäule deutlich.

Bei den Gliedertieren dagegen ist das Prinzip der Hintereinanderschaltung gleicher Körperteile (Metamerie) gleichsam der Leitgedanke ihrer Organisation und tritt uns in den verschiedensten Organen entgegen. Zunächst einmal ist durch die Gliederung (Segmentierung) des Hautpanzers der ganze Körper bereits äußerlich in mehr oder weniger gleiche Abschnitte geteilt, wie dies ein Tausendfüßer am deutlichsten zeigt. Das gleiche Tier zeigt uns weiter, daß die Beine an fast allen Segmenten in gleicher Form auftreten können. Bei Krebsen tragen meist die Beinpaare Kiemen, bei Insekten mehrere Segmente Tracheen oder bei Larven Kiemen, so daß auch die Atmungsorgane segmental sind. Vor allem aber zeigt das Nervensystem, das sich als „Bauchmark“ (ähnlich dem Rückenmark der Wirbeltiere) durch große Teile des Rumpfes zieht, in jedem Segment einen Ganglienknoten, und der Herzmuskelschlauch (das Herz) meist in mehreren hintereinander liegenden Segmenten Kammern und Einströmöffnungen.

Nicht bei allen Organen und nicht bei allen Gruppen der Gliedertiere ist diese Segmentierung gleichmäßig durchgeführt — bei den höher entwickelten Gruppen finden wir zunehmend Verschmelzungen und Verringerungen vieler segmentaler Organe, im Prinzip aber bleibt für die Mehrzahl der Segmente des Arthropodenkörpers gültig, daß sie eine Wiederholung und Neuauflage des jeweils vorausgegangenen Abschnittes darstellen und damit eine Lebenseinheit und ein Bauelement, das selbst über die meisten lebenswichtigen Organe verfügt und so eine gewisse Unabhängigkeit vom übrigen Körper aufweist.

Damit sind in groben Zügen die Besonderheiten des Körperbaues der Gliederfüßer aufgezeigt. Sie gelten in dieser Form für Tausendfüßer, Spinnentiere, Krebse, Insekten und einige weitere kleine Untergruppen eines Tierstammes, der sich durch eine verblüffende Vielfalt der Formen und Abwandlungen der Einzelheiten seines Bauplanes ebenso auszeichnet wie durch das Festhalten an den Grundzügen dieses Planes.

Innerhalb der Gliederfüßer werden uns im folgenden nur die Insekten beschäftigen, und so können wir nun der Frage „was ist ein Insekt?" nähertreten:

Insekten sind sechsbeinige Gliederfüßer mit einem aus (bis zu 21) Segmenten zusammengesetzten Körper, der aus drei deutlich unterscheidbaren Abschnitten besteht, der also deutlich eingekerbt ist — daher der lateinische Name Insecta oder seine Übersetzung: Kerbtiere. Diese drei Abschnitte heißen Kopf (Caput), Brust (Thorax) und Hinterleib (Abdomen).

Der Kopf ist eine aus sechs Segmenten verschmolzene Kapsel mit einem Paar vielgliedriger Fühler, zwei Facettenaugen, bis zu drei Punktaugen (Ocellen) auf dem Scheitel, einer Mundöffnung und an ihr drei Paaren aus umgebildeten Beinen entstandener Mundwerkzeuge. Diese

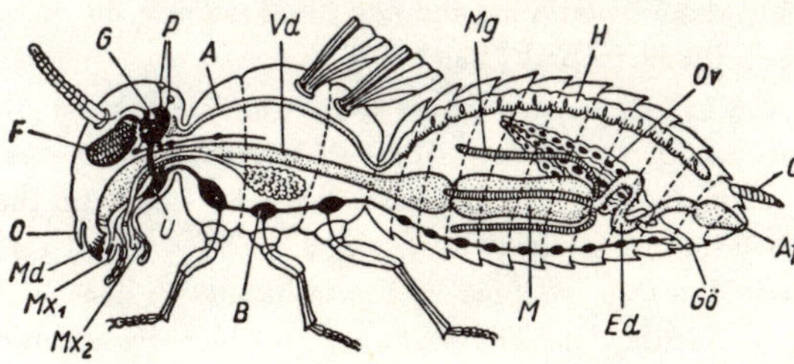

Abb. 1. Schema des Aufbaues eines Insektenkörpers

A Aorta, *Af* After, *B* Bauchmark, *C* Cerci, *Ed* Enddarm, *F* Facettenauge, *G* Gehirn, *Gö* Geschlechtsöffnung, *H* Herz, *M* Mitteldarm, *Md* Mandibel oder Oberkiefer, *Mg* Malpighische Gefäße, *Mx 1* Unterkiefer oder 1. Maxille, *Mx 2* Unterlippe oder 2. Maxille, *O* Oberlippe, *Ov* Eierstock, *P* Punktaugen, *U* Unterschlundganglion, *Vd* Vorderdarm

Mundteile sind 1. Oberkiefer oder Mandibeln (meistens einfache Beißzangen), 2. Unterkiefer oder 1. Maxille, welche aus einer gezähnten Innenlade, einer Außenlade und einem fühlerartigen, mehrgliedrigen Taster (Palpus) bestehen, oft aber auch stark abgewandelt sind, 3. Unterlippe oder Labium (2. Maxille), welche der 1. Maxille ähnelt, deren Teile jedoch miteinander verwachsen sind. Von oben ist die Mundöffnung durch eine Chitinplatte, die Oberlippe (Labrum), überlagert. Das Kopfinnere besteht aus Muskeln für Fühler und Mundwerkzeuge, aus dem Vorderabschnitt des Darmkanals (Speiseröhre oder Vorderdarm) und einem Nervenring, der den Vorderdarm umgibt. Dieser ist an der Unterseite zum Unterschlundganglion verdickt, an der Oberseite zum Oberschlundganglion oder Gehirn.

Die B r u s t besteht aus drei Segmenten (Vorder-, Mittel- und Hinterbrust), die oft deutlich zu unterscheiden sind. Jedes Segment trägt ein Beinpaar (Vorder-, Mittel-, Hinterbeine). Mittel- und Hinterbrust besitzen außerdem bei den meisten Arten je ein Paar häutiger Flügel. Die B e i n e sind gegliedert und in folgende Abschnitte geteilt: Hüfte (Coxa), Schenkelring (Trochanter), Schenkel (Femur), Schiene (Tibia) und mehrgliedriger Fuß (Tarsus), meist mit Klauen am Endglied. Die Flügel sind entweder glasartig durchsichtig oder lederartig, gefärbt oder geschuppt, und stets von Längsversteifungen, oft auch von Querrippen („Adern“ oder „Nerven“) durchzogen.

Im Innern der Brust liegen an den Beinwurzeln Ganglien des Bauchmarks, welche Nerven in die Gliedmaßen entsenden, darüber die Speicheldrüse (der wir z. B. die Seide der Spinner zu verdanken haben), der Brustabschnitt des Vorderdarms und des Herzens sowie die oft sehr mächtigen Muskeln für Beine und Flügel.

Der H i n t e r l e i b ist aus bis zu zwölf ringförmigen Segmenten zusammengesetzt und trägt meist keine Gliedmaßen. Nur an seiner Spitze finden sich häufig fühlerartige Schwanzfäden oder Cerci. Im Inneren des Hinterleibes liegen die meisten Körperorgane: Der Vorderdarm geht hier in den Mitteldarm (Magen) über und anschließend in den Enddarm. Als eigentümliche Ausscheidungsorgane finden sich hier die schlauchförmigen Malpighischen Gefäße, die in das Ende des Mitteldarmes einmünden. Die Geschlechtsorgane der stets getrenntgeschlechtlichen Insekten (Eierstöcke oder Hoden) mit ihren Ausführungsgängen sind sehr verschieden gestaltet und füllen oft fast den ganzen Hinterleib aus. Unter dem Rückenpanzer liegt das Herz und an der Bauchseite der Hinterleibsabschnitt des Nervensystems. Als Atmungsorgane befinden sich seitlich in mehreren Segmenten Atemlöcher (Stigmen), von denen aus feinverzweigte, chitinversteifte Luftröhren (Tracheen) bis an die einzelnen Organe heranführen.

Der hier beschriebene und in Abb. 1 dargestellte Körperbau der Insekten stellt nur das Grundschema ihrer Organisation dar. Wie schon erwähnt, kommen bei den einzelnen Gruppen die verschiedenartigsten Umgestaltungen vor, die oft zu so andersartigen Gebilden führen, daß deren Rückführung auf einen gemeinsamen Bauplan nicht leicht ist. Man denke nur an die so ganz verschiedene Form der Mundwerkzeuge eines Schmetterlings (Saugrüssel) und eines Hirschkäfers (Beißzangen und leckende Zunge) oder an die grabschaufelartigen Vorderbeine einer Maulwurfsgrille und die zarten, fühlerartigen Vorderbeine der Mücken, an die verschiedenen Arten der Flügel oder an die Cerci, die bei Eintagsfliegen lange, mehr als hundertgliedrige fühlerartige Fäden sind, bei den Ohrwürmern aber die bekannten Kneifzangen an der Hinterleibsspitze bilden.

Aber nicht nur bei den verschiedenen Insektengruppen wird der Bauplan im einzelnen umgestaltet, sondern jedes einzelne Insekt macht darüberhinaus im Laufe seines Wachstums vom Ei zum geschlechtsreifen Tier einen Gestaltswechsel durch, der vom einfachen aus dem Ei schlüpfenden Jungtier schrittweise über verschiedene und meist sehr unterschiedlich gebaute Stadien zu dem vollentwickelten, oft geflügelten Geschlechtstier (Imago) führt. Daß dieses Wachstum und der damit verbundene Gestaltwechsel nicht wie bei anderen Tierstämmen allmählich, sondern in deutlichen Schritten erfolgt, liegt an einem Nachteil, den der Chitinpanzer für alle Gliederfüßer mit sich bringt: die Chitinumhüllung der Insekten ist nur wenig dehnbar, meist sogar starr und völlig fest; so verhindert sie eine allmähliche Größenzunahme. Sie muß deshalb von Zeit zu Zeit bei den H ä u t u n g e n abgelegt werden. Auf dem aus der leeren Hülle kriechenden Insekt hat sich dann bereits eine neue Chitinhaut gebildet. Diese ist aber für einige Stunden noch weich und dehnbar und wird in dieser Zeit bis zur nächsten Größenstufe ausgedehnt, worauf sie erstarrt. Mit Erreichen der Geschlechtsreife hören die Häutungen und damit das Wachstum auf, bis dahin aber müssen alle Insekten mehrmalige (manchmal nur 6 bis 7, andere Arten bis zu 70) Häutungen durchmachen.

Der schrittweise Gestaltwechsel in der Insektenentwicklung (Metabolie,

Metamorphose) beginnt mit der aus dem Ei schlüpfenden Larve und führt zum Vollkerf (Imago), oft unter Einschaltung eines Puppenstadiums.

Die L a r v e n einiger Insektenordnungen unterscheiden sich von den erwachsenen Tieren der gleichen Art — abgesehen von der Größe — nur sehr wenig. Meist aber stellen sie ein völlig andersartig gebautes und in anderen Lebensräumen vorkommendes Geschöpf dar, dessen Zugehörigkeit zu der betreffenden Art nur durch Beobachtung der Entwicklung erschlossen werden kann. Stets fehlen den Larven fertige Flügel, fast immer die Facettenaugen. Einfache Larvenformen, die sogenannten Maden, besitzen keine Beine; Brust- und Hinterleibsegmente sind einander gleich. Bei Fliegenmaden kann selbst der Kopf fehlen, d. h. zu einer winzigen, nur noch als Mundwerkzeug dienenden Kopfkapsel reduziert sein, welche in den Madenkörper ganz eingezogen werden kann.

Die Insektenlarven unterscheiden sich von den Geschlechtstieren jedoch nicht nur durch die Abwesenheit einzelner Gliedmaßen und Organe, sondern besitzen oft ihrerseits „Larvenorgane", die sie im Laufe ihrer weiteren Entwicklung wieder aufgeben und die den Geschlechtstieren fehlen. Beispiele dafür sind die Hinterleibsfüße der Schmetterlingsraupen, die Fangmaske der Libellenlarven oder die Kiemen vieler im Wasser lebender Jugendstadien.

Bei Kerbtieren mit „unvollkommener Verwandlung" (Hemimetabolie) strebt die Körperform von Häutung zu Häutung in etwa gleichgroßen Schritten der Endform des Geschlechtstieres zu. So entstehen bei den Larven von Eintagsfliegen, Libellen, Schaben, Wanzen und Heuschrecken nach einigen Häutungen kurze Flügelstummel, die dann bei jeder weiteren Häutung an Größe zunehmen. In solchen Fällen werden die betreffenden Larven „Nymphen" genannt.

Dagegen sind bei Insekten mit „vollkommener Verwandlung" (Holometabolie) niemals äußerliche Flügelstummel an den Larven sichtbar, vielmehr treffen wir bei diesen oft sogar auf völlig gliederlose Maden. Auch bei diesen Tieren müssen die Flügel und sonstigen Merkmale der Geschlechtstiere natürlich vorgebildet werden; dies geschieht aber unter der Larvenhaut und wird erst sichtbar, wenn nach der letzten Häutung die P u p p e aus der Hülle schlüpft. Im Puppenstadium wird bei den holometabolen Insekten in einem einzigen gewaltigen Entwicklungsschritt der Übergang von der Larve zum Vollkerf nachgeholt. Dazu sind der Umbau und die Einschmelzung vieler Larvenorgane notwendig, so daß der Körper der Puppe während dieser Zeit zu einem aktiven Leben nicht fähig ist, sondern unbeweglich in einem Versteck ruht, das die Larve vorher aufsuchte — meist sogar geschützt durch einen Kokon oder ein ähnliches Gespinst oder auch in einer Erdhöhle.

Aus der Nymphe oder Puppe schlüpft schließlich, wenn die Flugzeit der betreffenden Art angebrochen ist, in einer letzten Häutung das flugfähige Vollkerf oder die I m a g o. (Eine Ausnahme machen hier nur die Eintagsfliegen: bei ihnen häutet sich die letzte Nymphe zur Subimago, einem flugfähigen, nur wenige Stunden währenden Stadium, das erst nach einer nochmaligen Häutung die Imago ergibt.)

Im Leben der geflügelten Geschlechtstiere gibt es kein Wachstum und keine Häutungen mehr; es ist ganz auf die Fortpflanzung der Art eingestellt, meist viel kürzer als das Larvenleben, und kennt bei manchen Formen nicht einmal mehr die Nahrungsaufnahme. Bei den Männchen endet es meist mit der Befruchtung der Weibchen, bei diesen mit der Eiablage.

Wie bei der enormen Mannigfaltigkeit der Insekten nicht anders zu erwarten, gibt es Arten, die das eben geschilderte Entwicklungsschema abwandeln und einzelne Stadien unterdrücken. Einige von ihnen sollen zum Abschluß dieses Kapitels aufgezählt werden:

Bei einigen Käfern und Mücken zum Beispiel fehlt dem Entwicklungsgang eines der beiden Geschlechtstiere, nämlich das Männchen. Bei diesen Arten legen die stets weiblichen Imagines ohne Befruchtung entwicklungsfähige Eier ab. Bei den Fächerflüglern und Schildläusen dagegen entwickeln sich nur die Männchen zum geflügelten Vollkerf; bei den Weibchen ist dieses Entwicklungsstadium unterdrückt, sie werden als Larven befruchtet und beenden nach der Eiablage als solche ihr Leben. In seltenen Fällen, so bei einigen in moderndem Holz lebenden Zweiflüglern können sogar beide Formen der Geschlechtstiere völlig fehlen: bereits die madenartigen Larven sind in der Lage, sich ohne Befruchtung zu vermehren. Den sonderbarsten Fall aber stellen wohl jene parasitischen Pelzfliegen (Pupipara) dar, bei denen das freie Larvenstadium fehlt. Bei ihnen legt das befruchtete Weibchen, in dessen Inneren sich die Jungtiere entwickeln und verpuppen, eine fertige Puppe ab, aus der nach wenigen Stunden wieder eine geschlechtsreife Imago schlüpft.

Andererseits wissen wir, wenn wir an Ameisen oder Termiten denken, daß bei manchen Insekten nicht nur die bisher erwähnten Entwicklungsstadien auftreten, sondern zusätzlich weitere: die Arbeiterinnen der Ameisen und die verschiedenen „Kasten“ der Termiten. Bei Blattläusen gibt es außer Larven und Imagines andere Formen, die als sogenannte „Ammen“ — oft noch in jahreszeitlich verschiedener Form — ebenfalls vermehrungsfähig sind, ohne doch echte, geflügelte Imagines zu sein. Und schließlich gibt es einige Schmetterlinge, bei denen eins der beiden Geschlechter in zwei ganz verschieden aussehenden Formen auftritt, so daß bei solchen Arten zum Beispiel eine Weibchenform und zwei Männchenformen zu einer Art gehören.

Die meisten dieser sonderbaren Abwandlungen des normalen Entwicklungsganges stellen jedoch seltene Ausnahmen dar und sind hier nur deshalb erwähnt worden, weil sie uns bei unseren Beobachtungen im 4. und 5. Kapitel dieses Buches nicht mehr begegnen werden. Für unsere Arbeit dort wird gelten, daß jedes Insektendasein als Ei beginnt, ein schrittweises Larven- bzw. Nymphenstadium durchmacht (eventuell über das Puppenstadium) und dann zu einem der beiden Geschlechter der Imagines führt.

2

WAS FÜR INSEKTEN GIBT ES?

Vom Mittelalter der Erdgeschichte an bis in die jetzige Zeit haben die Insekten in stets zunehmender Formenfülle die Oberfläche unserer Erde belebt und stellen heute die umfangreichste und mannigfaltigste Organismengruppe dar, die wir kennen. Die Artenzahl aller lebenden Insekten läßt sich auch nicht annähernd schätzen, da bereits seit vielen Jahrzehnten jährlich Tausende von neuen Arten aufgefunden und beschrieben werden, ohne daß vorläufig ein Ende dieses Forschungsprozesses abzusehen wäre. Wahrscheinlich dürfte jedoch sein, daß die Zahl von insgesamt einer Million Insektenarten nicht zu hoch gegriffen ist. Bekannt sind bis heute die Beschreibungen von etwa 650 000 Insektenarten; fast die Hälfte davon sind Käfer. Insgesamt kennt die Wissenschaft zur Zeit etwa eine Million Tierarten, so daß wir feststellen können: Ein Drittel aller Arten der irdischen Tierwelt sind Käfer, ein zweites Drittel die übrigen Insekten, und das letzte Drittel umfaßt alle sonstigen Klassen und Stämme, von den Einzellern über die Würmer, Weichtiere, Krebse und Spinnen bis zu den Wirbeltieren.

Die Zahl der Insektenarten unserer Heimat läßt sich auf etwa 30 000 schätzen. Bekannt und beschrieben sind davon bis heute ca. 27 800. In Abb. 2 ist dargestellt, wie sich die Artenzahl dieser deutschen Insekten auf die einzelnen Ordnungen verteilt. Wir sehen daraus, daß bei uns die Hautflügler, vor allem wegen der unendlichen Fülle der Schlupfwespenarten, die Zahl der Käfer erheblich überwiegen. Danach folgen die Fliegen, Schmetterlinge und Wanzen und schließlich eine große Zahl von Gruppen mit nur geringer Artenzahl.

Zur wissenschaftlichen Bewältigung dieser Formenfülle dient die Systematik. Ihre Grundeinheiten sind die „Arten“, worunter wir verstehen: die natürlichen Fortpflanzungsgemeinschaften der Individuen. Zu einer Art gehören also alle Lebewesen, die (als Elterntiere) miteinander lebensfähige Nachkommen erzeugen oder erzeugen könnten und deren Nachkommen, welche (über die Entwicklungsstadien Larve, Nymphe oder Puppe) beim Erreichen der Geschlechtsreife wieder die gleichen Merkmale aufweisen wie ihre Eltern.

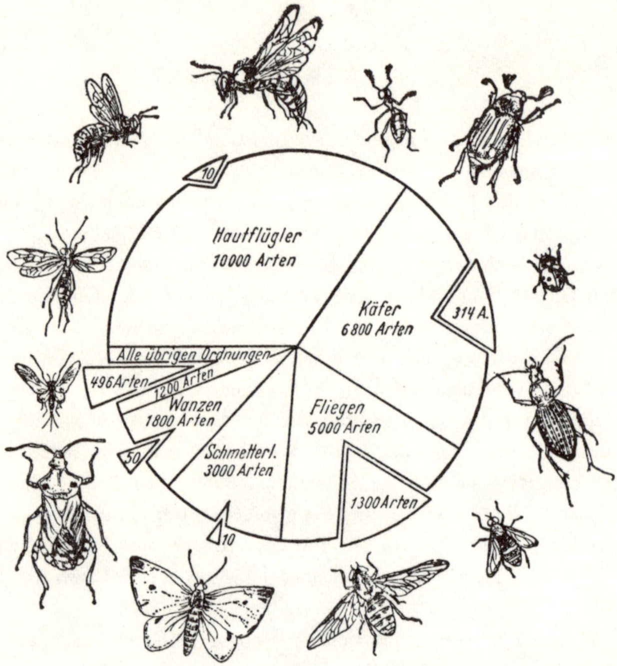

Abb. 2. Die Insektenarten unserer Heimat in ihrer Verteilung auf die einzelnen Ordnungen. (Als „Wanzen" sind in dieser Darstellung alle Schnabelkerfe zusammengefaßt worden.) Die aus dem Kreis herausgesetzten Segmente bezeichnen die Zahl der Arten, welche im Wasser leben.

Ausgehend von den Arten untersucht die Systematik die Gestaltbeziehungen, welche zwischen ihnen bestehen, und schafft eine Gliederung nach abgestufter Ähnlichkeit. Da wir die Ähnlichkeiten der Arten auf ihre Abstammung von gemeinsamen Vorfahren zurückführen, also auf eine Verwandtschaft, ist das System zugleich der Ausdruck der stammesgeschichtlichen Beziehungen zwischen den Arten.

Nächstverwandte Arten werden auf diese Weise zu Gattungen zusammengefaßt, verwandte Gattungen zu Familien, diese zu Ordnungen und die Ordnungen schließlich zur Klasse. Hierbei sind jedoch nur die wichtigsten systematischen Kategorien genannt worden; bei artenreichen Gruppen kommt man mit ihnen allein nicht aus und muß eine ganze Anzahl weiterer Abteilungen einführen, wie jeder weiß, der einmal ein Insekt bestimmt hat. So gehört z. B. der Goldlaufkäfer *Carabus auratus* (s. Abb. 20/2), wenn man einmal sämtliche systematischen Gruppen bis herauf zum Stamm berücksichtigt, zu folgenden Einheiten:

Stamm: *Arthropoda* (Gliederfüßer)
Unterstamm: *Tracheata*
Klasse: *Insecta*
Unterklasse: *Pterygota* (Flügelinsekten)
Überordnung: *Caraboidea* (Käferähnliche)
Ordnung: *Coleoptera* (Käfer)
Unterordnung: *Adephaga* (Raubkäfer)
Familie: *Carabidae* (Laufkäfer)
Unterfamilie: *Carabinae*
Tribus: *Carabini*
Gattung: *Carabus*
Untergattung: *Autocarabus*
Art: *auratus*

Das obige Beispiel hat uns zugleich gezeigt, nach welchen Gesetzen die Namensgebung bei Insekten und allen übrigen Organismen durchgeführt wird. Nach dem Vorschlag des großen schwedischen Zoologen L i n n é werden seit 1758 alle Tier- und Pflanzenarten in der Wissenschaft durch zwei (meist lateinische) Worte bezeichnet, von denen das erste die Gattung, das zweite die Art benennt. Um Verwechslungen unmöglich zu machen, wird schließlich der (abgekürzte) Name des Forschers, welcher die Art erstmalig beschrieben hat, dem Artnamen angehängt. So heißt die Hornisse *Vespa crabo* L., die einheimische Wespe *Vespa germanica* F. Diese Namen sind nicht nur international verständlich, da sie überall in der Welt gleichsinnig benutzt werden, sondern sie zeigen darüberhinaus wegen der Erwähnung des Gattungsnamens bereits Verwandtschaftsbeziehungen an. Wir können unserem Beispiel also entnehmen, daß die von Linné (L.) zuerst beschriebene Hornisse und die von Fabricius (F.) beschriebene Wespe zur gleichen Gattung gehören, damit auch zur gleichen Familie und zur gleichen Ordnung.

Die lateinischen Bezeichnungen sind zunächst vielleicht etwas unbequem, man wird sich bei der Beschäftigung mit Insekten aber bald an sie gewöhnen und kann unmöglich ganz auf sie verzichten, da es höchstens für jedes dreißigste unserer einheimischen Kerbtiere einen deutschen Namen gibt. Für Gattungen hat unsere Muttersprache ebenfalls nur in seltenen Fällen ein eigenes Wort, es gibt aber allein bei den Käfern in Deutschland mehr als 1200 Gattungen. Erst bei höheren systematischen Einheiten, den Familien und Ordnungen, treffen wir auf allgemein gebräuchliche deutsche Bezeichnungen in genügender Zahl, so daß wir hier meist die Benennungen unserer Muttersprache benützen können.

Das System der Insekten

Damit wir einen Überblick über die Vielfalt der Insektenarten gewinnen können, sollen im folgenden die einheimischen Ordnungen der Kerbtiere der Reihe nach geschildert werden.

Die **Urinsekten** (*Apterygota*) sind stets flügellos; ihre Entstehung fiel in eine Zeit, als in der Stammesgeschichte der Insekten die Flügel noch nicht „erfunden" waren. Die anderen Organe des Körpers sind sehr einfach ausgebildet. So sehen diese meist kleinen und farblosen Tierchen den Larven mancher höheren Insekten sehr ähnlich, und es ist auch vermutet worden, daß einige von ihnen nur geschlechtsreif gewordene Larvenformen seien.

Zu den Urinsekten zählen die folgenden vier Ordnungen.

Springschwänze (*Collembola*) (s. Abb. 3) sind sehr kleine, nur selten 5 mm erreichende Tiere, deren Arten (in Deutschland ca. 200) z. T. über die ganze Erde verbreitet sind und sich zu allen Jahreszeiten im Erdboden, an Moos, in moderndem Holz und am Ufer von Gewässern finden, wo sie sich von Humusteilchen und anderen faulenden Stoffen ernähren. An ihrem Körper fällt besonders die Springgabel auf, die an der Unterseite der Hinterleibsspitze sitzt, in Ruhelage unter den Bauch geschlagen wird und durch plötzliches Herunterklappen den Tieren ermöglicht, einem Verfolger durch einen weiten Sprung zu entfliehen. Die Larven unterscheiden sich von den Geschlechtstieren nur durch ihre geringe Größe und wachsen im Laufe mehrerer Häutungen

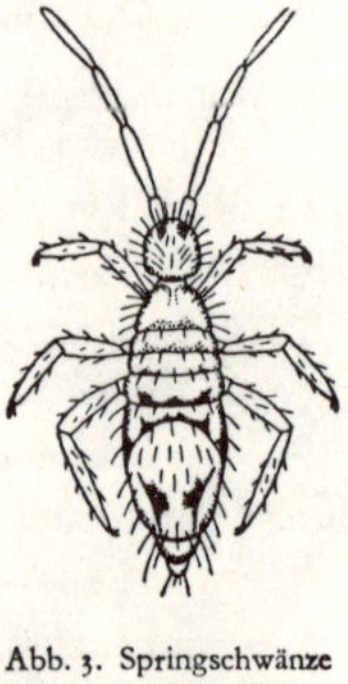

Abb. 3. Springschwänze Gattung *Entomobryon*

ohne weitere Umwandlung des Körpers zu Vollkerfen heran.

Abb. 4. Beintastler
Gattung *Eosentomon*

Beintastler (*Protura*) (s. Abb. 4) sind winzige — 1/2 bis 2 mm lange — farblose Urinsekten, von denen bei uns ca. 15 Arten — wahrscheinlich räuberisch — unter Moos, Erde und Rinde leben. Der Kopf dieser Tiere trägt weder Augen noch Fühler; die ersten Hinterleibssegmente besitzen stummelförmige Fußreste. Die Larven zeigen zunächst eine verringerte Segmentzahl, die dann im Verlauf der Häutungen bis zu den 12 Abdominalsegmenten der Vollkerfe führt.

Doppelschwänze (*Diplura*) (s. Abb. 5). Zarthäutige, blinde Dunkeltiere von meist sehr geringer Größe. Bei uns ca. 10 Arten, die unter Steinen, in Höhlen und im Erdboden von organischen Abfallstoffen leben. Am Körperende tragen sie zwei Schwanzfäden, welche manchmal zu Zangen umgebildet sind. Eine Reihe von Hinterleibssegmenten besitzt an der Unterseite Bläschen und Griffel (Styli) als Reste von Gliedmaßen. Die Larven unterscheiden sich von den geschlechtsreifen Tieren nur durch geringere Größe.

Borstenschwänze (*Thysanura*) (s. Abb. 6). 5—20 mm lange, am Meeresstrand, an Felsen und Bäumen (Felsenspringer) oder in Häusern und Tierbauten (Silberfischchen) lebende Urinsekten, die sich von Algen und Humusteilchen ernähren. Bei uns ca. 20 Arten. Der Kopf trägt langgliedrige Fühler, die Hinterleibsspitze drei Schwanzfäden. Der Körper ist seidigsilbrig oder braungrau beschuppt. Bei den Felsenspringern dienen die Schwanzfäden als Sprungapparat. Am Hinterleib an einzelnen Segmenten Reste von Beinen. Die Larven unterscheiden sich von den Imagines nur durch ihre Größe.

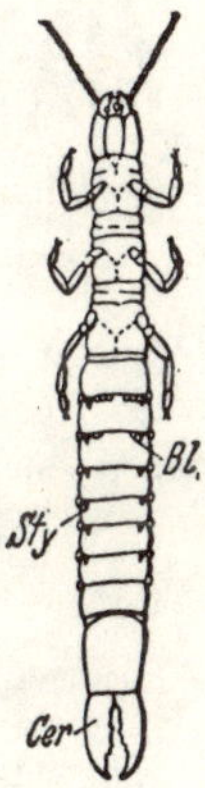

Abb. 5 (rechts). Doppelschwänze
Gattung *Japyx*. *Bl* Coxal-Bläschen, *Cer* Cerci, *Sty* Styli

Abb. 6 (unten). Borstenschwänze
Felsenspringer der Gattung *Petrobius*

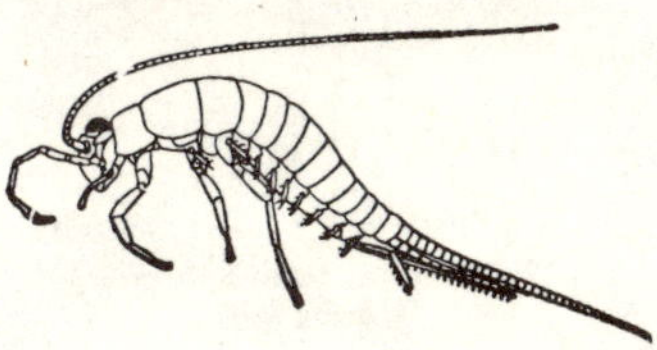

Zu den **Flügelinsekten** (*Pterygota*) zählen alle übrigen, nun folgenden Insektenordnungen. Sie haben entweder gut ausgebildete Flügel, oder diese sind im Laufe der Entwicklung sekundär wieder verloren gegangen (z. B. bei den Flöhen). Die im ersten Teil dieses Buches behandelten Einzelheiten des Körperbaues und der Entwicklung gelten besonders für die Pterygoten, während die Urinsekten oft noch primitive Abweichungen von diesem Typ zeigen.

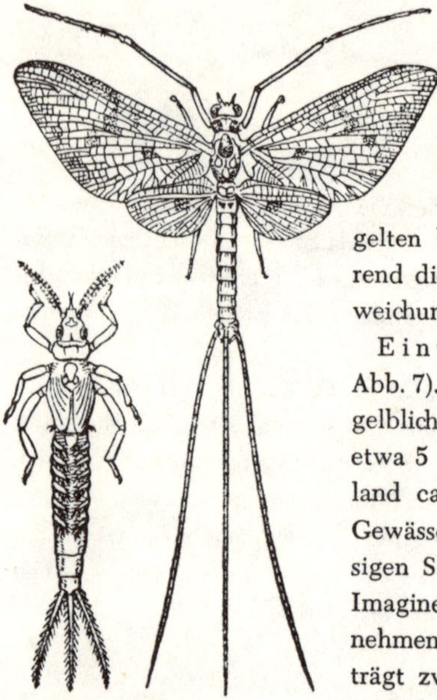

Abb. 7. Eintagsfliegen
Erwachsene Larve und Imago der Gattung *Ephemera*

E i n t a g s f l i e g e n (*Ephemeroptera*) (s. Abb. 7). Zarte und weichhäutige, unauffällig gelblich bis graubraun gefärbte Insekten von etwa 5 bis 30 mm Körperlänge. In Deutschland ca. 70 Arten, welche am Rande von Gewässern leben und sich manchmal in riesigen Schwärmen in die Luft erheben. Die Imagines leben oft nur wenige Stunden und nehmen keine Nahrung zu sich. Die Brust trägt zwei (selten nur ein) Paar glasklarer, in Ruhelage aufrecht gestellter Flügel, der Hinterleib zwei oder drei gegliederte Schwanzfäden von oft mehr als Körperlänge. Die Larven (s. Abb. 60) leben im Süßwasser und ernähren sich von organischen Abfallstoffen. Sie sind — abgesehen vom Fehlen der Flügel, von denen erst in späteren Stadien Andeutungen auftreten — den Vollkerfen ähnlich; manchmal ist ihr Körper aber stark abgeplattet. Das letzte Nymphenstadium häutet sich zur flugfähigen Subimago (Flügel milchig trüb), aus der nach einer weiteren Häutung die Imago (Flügel klar) entsteht.

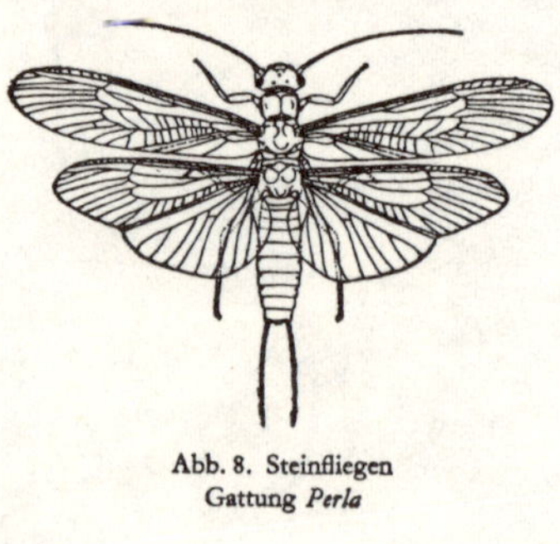

Abb. 8. Steinfliegen
Gattung *Perla*

S t e i n f l i e g e n (*Plecoptera*) (s. Abb. 8). Düsterbraun bis schwarz, seltener grünlichgelb gefärbte Insekten von ca. 5—30 mm Körperlänge. Bei uns kommen etwa 100 Arten vor, die man fast ausschließlich am Rande fließender Gewässer antrifft, wo sie im Krautwerk des Uferbewuchses auf Steinen umherklettern und seltener (meist flatternd und unbeholfen) fliegen. Die Imagines leben von Algen und Flechten oder ganz ohne Nahrungsaufnahme. Die Brust trägt zwei Paar reich geäderter Flügel, die in Ruhelage flach übereinander gelegt auf dem Hinterleib ruhen. Manchmal sind sie verkümmert. Am Hinterleib oft zwei lange Schwanzfäden. Die den Vollkerfen ähnlichen Larven (s. Abb. 66) leben in Fließgewässern und ernähren sich räuberisch oder von Pflanzenstoffen. Sie besitzen stets zwei Schwanzfäden. Das letzte Nymphenstadium häutet sich nach dem Verlassen des Wassers zur Vollkerfe.

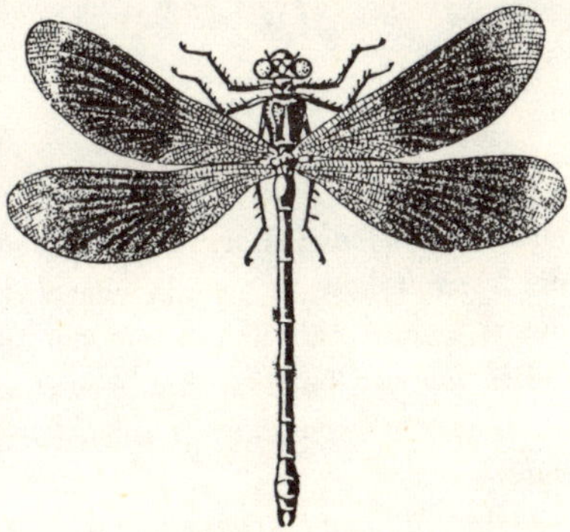
Abb. 9. Libellen
Kleinlibelle (*Zygoptera*) der Gattung *Calopteryx*

Libellen (*Odonata*) (s. Abb. 9). Schlanke, meist lebhaft gefärbte Tiere von beträchtlicher Größe (2 bis 8,5 cm). Bei uns ca. 80 Arten, sehr gute Flieger, die sich von im Fluge erbeuteten Insekten ernähren. Vier große, häutige, netzartig geäderte Flügel, die in Ruhelage über dem Hinterleib aufrecht zusammengelegt werden (Zygopteren) oder starr in Flughaltung vom Körper abgewinkelt sind (Anisopteren). Der Kopf trägt sehr große, oft bunt schillernde Facettenaugen und kräftige Beißzangen, die Hinterleibsspitze der Männchen zangenartige Begattungswerkzeuge. Die Larven (s. Abb. 37) leben in stehenden oder fließenden Gewässern, wo sie sich räuberisch von Kleintieren ernähren, die sie mit ihrer vorgestreckten Fangmaske ergreifen und zum Munde führen. Zur Atmung dienen ihnen drei Kiemenblättchen an der Hinterleibsspitze oder das Innere des Enddarmes. Die Entwicklung beginnt mit der aus dem Ei schlüpfenden, bewegungsunfähigen Vorlarve, aus der bereits nach wenigen Sekunden die Larve schlüpft. Diese wächst in einer manchmal mehrjährigen Entwicklung nach zahlreichen Häutungen zur Nymphe heran, welche das Wasser verläßt und sich zur Imago häutet.

Heuschrecken (*Saltatoria*) (s. Abb. 10). Grünlich, bräunlich oder schwarz gefärbte Geradflügler von ca. 1—7 cm Länge; in Deutschland

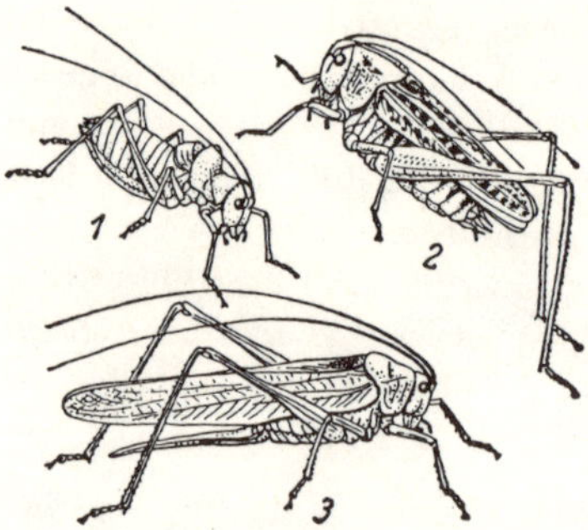

Abb. 10. Heuschrecken
Drei Arten der Familie Laubheuschrecken:
1 Sattelschrecke (*Ephippigera*), 2 Warzenbeißer (*Decticus*), 3 Heupferd (*Tettigonia*)

76 Arten. Sie leben in Feldern und Wäldern, zum Teil auch in selbstgegrabenen Röhren in der Erde (Grillen) und ernähren sich räuberisch oder von Pflanzen. Fühler fadenförmig, oft sehr lang, Vorderbrust frei beweglich, Vorderflügel schmal und oft lederartig, Hinterflügel breit, reich geädert, in Ruhelage gefaltet. Hinterbeine gewöhnlich zu Sprungbeinen mit stark verdickten Schenkeln umgestaltet. Weibchen mit Legeröhre. Meist sind besondere Zirpapparate (Schrillleisten) vorhanden. Larven und Imagines haben die gleiche Lebensweise; die Verwandlung ist unvollkommen, d. h. die Merkmale der Vollkerfe bilden sich allmählich im Verlaufe von bis zu zehn Häutungen heraus.

Bei uns vier Familien: Laubheuschrecken (*Locustidae*) (s. Abb. 10), Feldheuschrecken (*Acridiidae*), Grillen (*Gryllidae*), Maulwurfsgrillen (*Gryllotalpidae*).

Ohrwürmer (*Dermaptera*) (s. Abb. 11). In Deutschland nur fünf schlanke, hell- oder dunkelbraun gefärbte Arten von 5—14 mm Größe. Nachttiere, die unter Rinden und Laub, in moderndem Holz, gelegentlich auch auf Blüten vorkommen und sich von pflanzlichen Stoffen ernähren. Der Körper ist abgeplattet, die Vorderbrust trägt einen Halsschild. Die Vorderflügel sind zu lederartigen, verkürzten Flügeldecken umgestaltet, unter denen die glasklaren, längs- und quergefalteten Hinterflügel verborgen liegen. Die Schwanzfäden an der Hinterleibsspitze sind zu Zangen umgebildet. Lebensweise und Entwicklung der Larven wie bei den Heuschrecken.

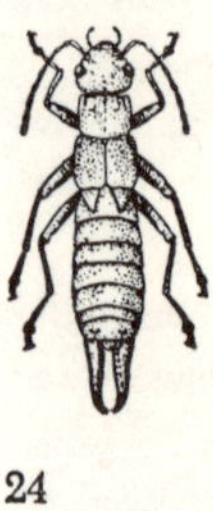

Fangschrecken (*Mantoidea*) (s. Abb. 12). Große, meist grünlich gefärbte Geradflügler, von denen bei uns nur eine Art, die bis 5 cm große europäische Gottesanbeterin (*Mantis religiosa*) gelegentlich in Süddeutschland vorkommt.

Abb. 11. Ohrwürmer
Gemeiner Ohrwurm (*Forficula auricularia*)

Die Tiere leben auf niedrigen Pflanzen, wo sie sich räuberisch von Insekten ernähren. Am schlanken Körper fallen besonders die langgestreckte Vorderbrust und die mit Zähnen bewehrten Vorderbeine auf, welche als Greiforgane dienen und erhoben getragen werden. Die vier stark geaderten Flügel liegen in Ruhelage übereinander gefaltet auf dem Hinterleib. Larvenentwicklung wie bei Heuschrecken.

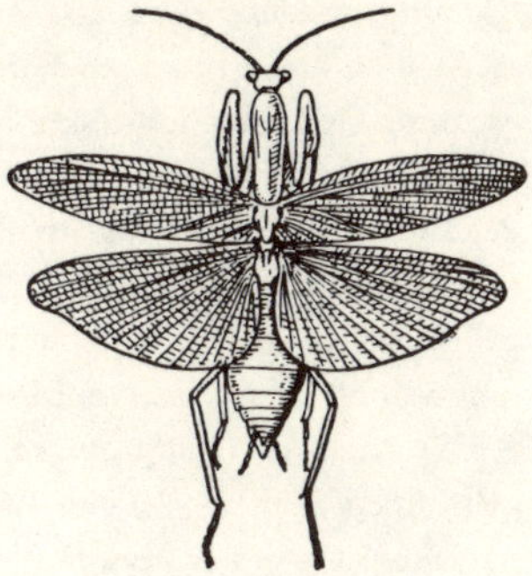

Abb. 12. Fangschrecken
Die europäische Gottesanbeterin
(*Mantis religiosa*)

Schaben (*Blattaria*) (s. Abb. 13). Breite und abgeplattete, bräunliche bis gelbe Insekten (12 Arten in Deutschland) von ca. 7—30 mm Länge. Die äußerst flink laufenden, oft auch geschickt fliegenden Tiere leben an Waldrändern und Hecken unter Laub und im Gebüsch, zum Teil auch (Küchenschabe) in menschlichen Wohnungen und ernähren sich von Abfallstoffen aller Art. Besonders kennzeichnend sind die langen, vielgliedrigen Fühler und die Vergrößerung der Vorderbrust zu einem flachen Halsschild, unter dem der stark nach unten geneigte Kopf oft völlig verborgen ist. Die Vorderflügel sind flach anliegende Deckflügel, die Hinterflügel häutig mit gefaltetem Analfeld. Manchmal (s. Abb. 13/2b) sind die Flügel verkümmert. Die Beine sind etwa gleichgroße Laufbeine, die Hinterleibsspitze trägt meist zwei gegliederte Schwanzfäden. Larvenentwicklung wie bei Heuschrecken.

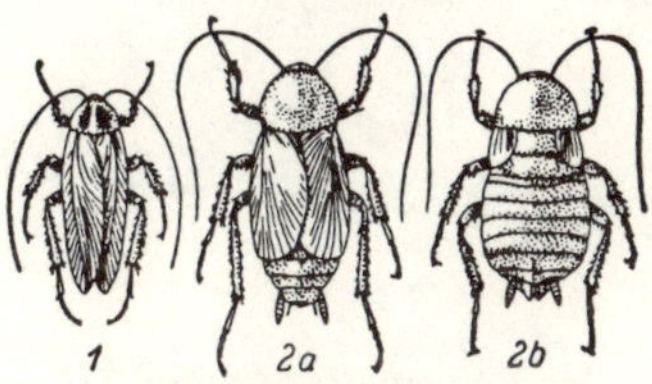

Abb. 13. Schaben
1 Deutsche Schabe (*Blattella germanica*),
2a Küchenschabe (*Blatta orientalis*) Männchen,
2b Weibchen

Staubläuse (*Psocoptera*) (s. Abb. 14). Wenige Millimeter große, zarthäutige Insekten von gedrungenem Körperbau und unscheinbarer, meist gelblicher oder braungrüner

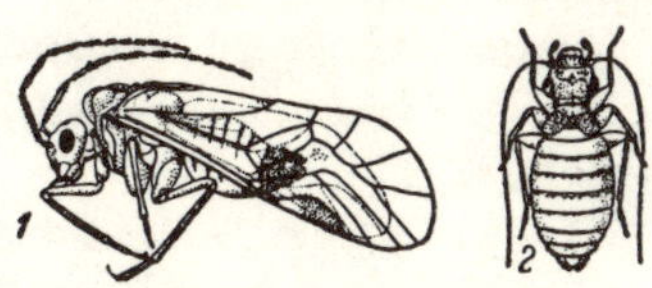

Abb. 14. Staubläuse
1 Gattung *Amphigerontia*, *2* Gattung *Trogium*

Färbung; bei uns etwa 100 Arten. Sie leben unter Rinden und Flechten, an Steinen und Felsen sowie in Tiernestern und Häusern (Bücherlaus) und ernähren sich von Flechten, Pilzsporen und trockenen organischen Abfällen. Der Kopf trägt kauende Mundwerkzeuge, die Brust Schreitbeine und zwei Paar häutiger Flügel, die in Ruhelage dachartig über dem Hinterleib zusammengelegt werden. Bei manchen Arten (z. B. Bücherlaus) sind die Flügel zu kurzen Schuppen rückgebildet. Die unvollkommene Verwandlung erfolgt über 6 Larvenhäutungen.

Tierläuse (*Phthiraptera*) (s. Abb. 15). Abgeflachte, farblose, ungeflügelte Kerfe von 1/2—10 mm Länge (bei uns ca. 225 Arten), die als Außenparasiten auf der Körperhaut von Wirbeltieren leben und sich dort durch

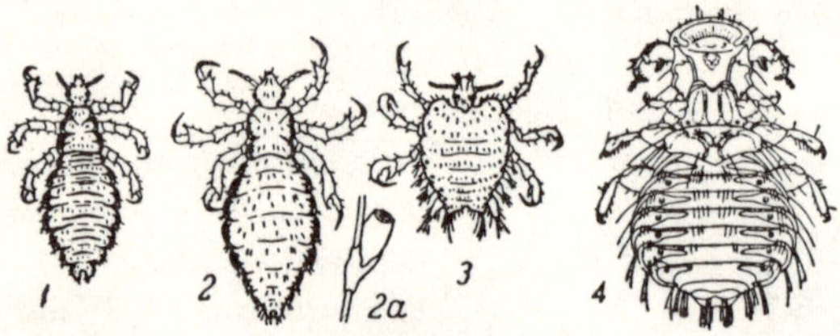

Abb. 15. Tierläuse
Eigentliche Tierläuse (*Anoplura*), *1* Kopflaus des Menschen (*Pediculus capitis*), *2* Kleiderlaus (*P. corporis*), *2a* Ei (Nisse), *3* Filzlaus (*Phthirus pubis*). Pelzfresser (*Mallophaga*), *4* Gattung *Goniodes*

Aufsaugen von Körpersäften und von den Haaren bzw. Federn und Hautschuppen ernähren. Die Beine sind oft zu Klammerorganen umgebildet, mit denen sich die Läuse in den Haaren ihrer Wirtstiere festhalten. Die Eier (Nissen) werden an den Haaren des Wirtes festgeklebt. Die Larven unterscheiden sich — da ja die Vollkerfe ebenfalls flügellos sind — von diesen nur durch die geringere Größe. Ihre Entwicklung führt in drei Häutungsschritten zur Imago.

Zwei große Untergruppen: die mit Stechrüssel versehenen eigentlichen Tierläuse (*Anoplura*) (s. Abb. 15, 1—3) auf Säugetieren und die Haarlinge, Pelzfresser oder Federlinge (*Mallophaga*), welche mit kauenden Mundwerkzeugen versehen sind und auf Säugetieren und Vögeln leben (s. Abb. 15, 4).

Blasenfüßer (*Thysanoptera*) (s. Abb. 16). Schmale, dunkel gefärbte Insekten von höchstens 2,5 mm Körperlänge. Bei uns ca. 80 Arten, die vor allem auf Blüten, daneben auch auf Blättern, im Laub und unter

Rinden leben und sich von Pflanzensäften, seltener von Pilzsporen oder auch räuberisch ernähren. Zwei Paar schmale, häutige, an den Rändern lang bewimperte Flügel, die in Ruhelage über den Hinterleib gelegt werden. Der Kopf trägt auf der Unterseite einen Saug-Stechrüssel. Die Füße haben an ihren Endgliedern zwei Klauen und außerdem große, ausstülpbare Haftblasen. Die Larven, die das gleiche Leben wie die Vollkerfe führen, entwickeln sich über ein flügelloses Larvenstadium und ein Pronymphenstadium zur halbruhenden Nymphe, aus der die Imago schlüpft.

Abb. 16. Blasenfüßer
Gattung *Frankliniella*

W a n z e n (*Hemiptera*) (s. Abb. 17). Flache, bräunliche, grüne, selten bunt gefärbte Schnabelkerfe von etwa 5—20 mm Größe. In Deutschland ca. 900 Arten, welche an Land oder im Wasser in den unterschiedlichsten Lebensräumen vorkommen und sich durch das Aufsaugen tierischer (selten pflanzlicher) Körpersäfte ernähren. Die meisten Arten leben räuberisch, jagen nach anderen Insekten und saugen diese aus. Nur ganz wenige Arten (z. B. die Bettwanze) ernähren sich als Außenparasiten vom Blut von Wirbeltieren. Am Vorderende des Wanzenkopfes entspringt der Stechrüssel, der in Ruhelage auf der Körperunterseite zwischen den Hüften ruht und zum Stich aufgerichtet wird. Die Vorderbrust ist zu einem Halsschild erweitert. Mittel- und Hinterbrust sind fest miteinander verbunden, von ersterer ist meist ein dreieckiges Schildchen sichtbar. Die Flügel, welche

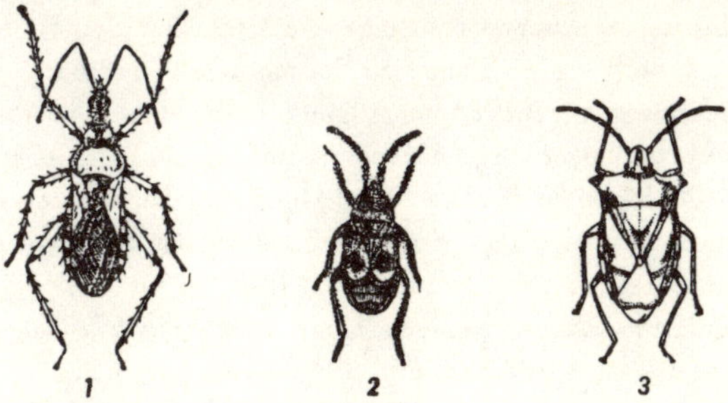

1 2 3

Abb. 17. Wanzen
1 Raubwanze (*Rhinocoris*), *2* Feuerwanze (*Pyrrhocoris apterus*), *3* Schildwanze (*Pentatoma rufipes*)

manchen Arten fehlen, sind stets ungleich ausgebildet: die Vorderflügel sind sogenannte „Halbdecken", d. h. im Grundteil ledrig, im Spitzenteil häutig, die Hinterflügel häutig und gefaltet. Die Entwicklung ist eine unvollkommene Verwandlung: die Larven — mit gleicher Lebensweise wie die Imagines — nehmen im Verlaufe des Wachstums und der Häutungen allmählich die Gestalt der Vollkerfe an.

Zwei Unterordnungen mit zahlreichen Familien: 1. Unterordnung Landwanzen (*Gymnocerata*) mit den Familien Uferwanzen (*Saldidae*), Blumenwanzen (*Anthocoridae*), Bettwanzen (*Cimicidae*), Blindwanzen (*Capsidae*), Raubwanzen (*Reduviidae*), Wasserläufer (*Gerridae*), Feuerwanzen (*Pyrrhocoridae*), Schildwanzen (*Pentatomidae*) u. a. 2. Unterordnung Wasserwanzen (*Cryptocerata*) mit den Familien Ruderwanzen (*Naucoridae*), Wasserskorpione (*Nepidae*), Rückenschwimmer (*Notonectidae*) (s. Abb. 38), Wasserzikaden (*Corixidae*) (s. Abb. 39) u. a.

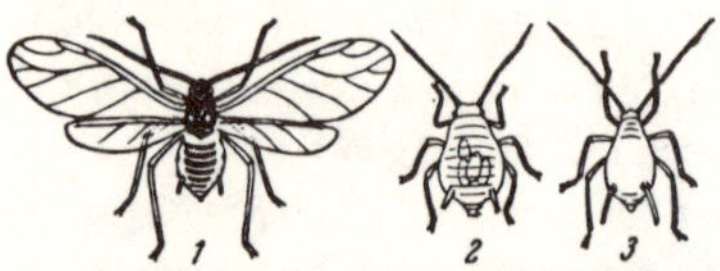

Abb. 18. Pflanzensauger
Blattläuse der Art *Anuraphis roseus*, *1* Männchen der geschlechtlichen Generation, *2* Weibchen der gleichen Generation, *3* Weibchen der ungeschlechtlichen Generation

P f l a n z e n s a u g e r (*Homoptera*) (s. Abb. 18). Kleine farblose oder grünliche, selten bunt gefärbte Schnabelkerfe von meist nur wenigen Millimetern Größe. Bei uns ca. 800 Arten, die sämtlich an Landpflanzen leben, von deren Säften sie sich ernähren. Der Kopf mit nach rückwärts gerichtetem Stech-Saug-Rüssel. Die Vorderflügel sind ebenso wie die (stets kleineren, bei Schildläusen ganz fehlenden) Hinterflügel häutig und werden in Ruhelage dachartig über den Hinterleib zurückgelegt. Hinterbeine manchmal zu Sprungbeinen verdickt. Bei Zikaden sind oft Schrillorgane zur Lauterzeugung vorhanden. Die Entwicklung zeigt bei Pflanzensaugern eine außerordentliche Mannigfaltigkeit (s. Blattläuse und Schildläuse S. 16). Die Entwicklungszeit der Zikaden ist manchmal sehr ausgedehnt; so lebt eine amerikanische Art 17 Jahre als Larve, womit diese Form eines der langlebigsten Insekten ist.

Die wichtigsten Unterordnungen sind: Zikaden (*Cicadina*), Blattflöhe (*Psyllina*), Blattläuse (*Aphidina*) und Schildläuse (*Coccina*).

H a u t f l ü g l e r (*Hymenoptera*) (s. Abb. 19, 36, 40). Winzige bis große (1 mm—6 cm), einfarbig dunkle oder buntgefärbte, schlanke Insekten, von denen bei uns ca. 10 000 Arten vorkommen. Ihre Lebensräume und Lebensgewohnheiten sind äußerst unterschiedlich. Es gibt unter ihnen Räuber, Pollenfresser, Honigsauger, sie sind freilebend (Blattwespen), staatenbildend (Ameisen, Bienen, Wespen), gallenerzeugend (Gallwespen) oder — in sehr großer Artenzahl — parasitierend an anderen Insekten (Schlupfwespen). Der von der Brust deutlich abgesetzte Kopf der Hautflügler besitzt beißend-leckende Mundwerkzeuge. Die vier Flügel (sie fehlen nur bei Ameisen-Arbeiterinnen und wenigen anderen Formen) sind häutig und glasklar. Die viel kleineren Hinterflügel können beim Flug durch besondere Häkchen (Hamuli) an den Vorderflügeln verankert werden, so daß beide Flügelpaare wie eines wirken. Der Hinterleib ist walzenförmig, oft vorne stielartig verschmälert und trägt bei den Weibchen am Hinterende eine Legeröhre, welche bei den Bienen und Wespen zu einem Wehrstachel umgebildet ist, mit dem sie empfindlich stechen können und kleinere Tiere zu töten vermögen. Bei der Entwicklung der Hautflügler treffen wir zum ersten Male auf die Holometabolie (vollkommene Verwandlung), d. h. zwischen Larven und Imagines ist ein unbewegliches Puppenstadium eingeschaltet. Die Larven selbst sind bei den Blattwespen pflanzenfressende Raupen, bei den meisten übrigen Familien dagegen beinlose Maden, welche im Inneren von Pflanzen oder Tieren (Schlupfwespen) von deren Körpersubstanz leben bzw. — bei den staatenbildenden Formen — von den Imagines gefüttert werden. Sie spinnen sich dann fast stets einen Kokon (z. B. die sogenannten „Ameiseneier“), in dem sie sich verpuppen.

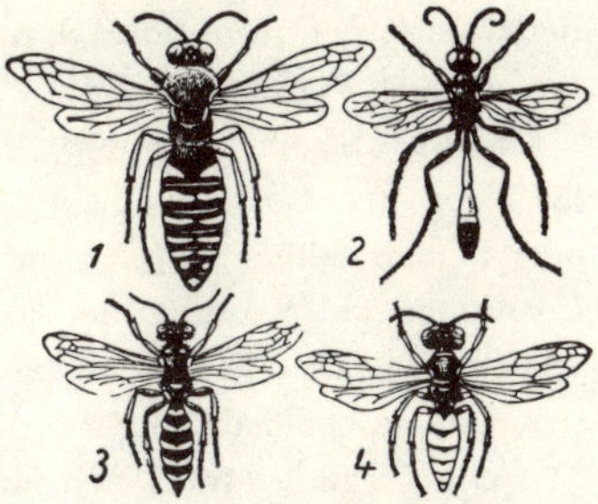

Abb. 19. Hautflügler
Vier Arten der Familie Grabwespen (*Sphecidae*), *1* Kreiselwespe (*Bembix rostrata*), *2* Sandwespe (*Ammophila sabulosa*), *3* Knotenwespe (*Cerceris arenaria*), *4* Bienenwolf (*Philanthus triangulum*)

Die drei Unterordnungen sind: 1. die Pflanzenwespen (*Symphyta*) u. a. mit den Familien Blattwespen (*Tenthredinidae*) und Holzwespen (*Siricidae*) (s. Abb. 40), 2. die Schlupfwespen (*Terebrantia*) mit den Familien der eigentlichen Schlupfwespen (*Ichneumonidae*) (s. Abb. 36), Gallwespen (*Cynipidae*) u. a., sowie 3. die Stechimmen (*Aculeata*) mit den Familien der Goldwespen (*Chrysididae*), Ameisen (*Formicidae*), Wespen (*Vespidae*), Grabwespen (*Sphecidae*), Bienen (*Apidae*) u. a.

K ä f e r (*Coleoptera*) (s. Abb. 20, 43—55). Winzige bis sehr große ($^1/_2$ mm bis 8 cm), meist länglich-ovale, hartschalige Insekten von düsterbrauner oder lebhaft bunter Färbung mit ca. 6800 einheimischen Arten. Auf dem Lande und im Wasser in den verschiedensten Lebensräumen, räuberisch, pflanzenfressend oder von organischen Abfallstoffen lebend. Der Kopf besitzt kauend-beißende Mundwerkzeuge. Die Vorderbrust (mit Halsschild) ist frei beweglich, Mittel- und Hinterbrust sind fest miteinander verwachsen. Die Vorderflügel sind zu lederartigen Flügeldecken umgestaltet, welche in Ruhelage über den Hinterleib aneinander gelegt sind und so den Rücken umhüllen. Darunter liegen zusammengefaltet die häutigen Hinterflügel, welche allein zum Fluge tauglich sind, bei manchen Arten jedoch fehlen. Larvenentwicklung mit vollkommener Verwandlung (Puppenstadium). Die Larven sind sehr verschiedenartig gebaut, leben räuberisch, als Pflanzenfresser oder von organischem Abfall. Viele sind gefürchtete Vorrats- oder Pflanzenschädlinge. Primitive Formen erinnern im Körperbau an Urinsekten oder Asseln, andere, wie die Drahtwürmer und Engerlinge, leiten über zu fußlosen Maden. Die Verpuppung erfolgt meist in Erdhöhlen.

Zwei Unterordnungen mit insgesamt über 100 Familien. 1. Unterordnung Raubkäfer (*Adephaga*) mit den Familien der Laufkäfer (*Carabidae*), Schwimmkäfer (*Dytiscidae*) u. a. 2. Unterordnung Allesfresser (*Polyphaga*) mit den Familien der Kurzflügler (*Staphylinidae*), Aaskäfer (*Silphidae*), Mist- und Mai-Käfer (*Scarabaeidae*), Kolbenwasserkäfer (*Hydrophilidae*), Schnellkäfer (*Elateridae*), Marienkäfer (*Coccinellidae*), Bock-

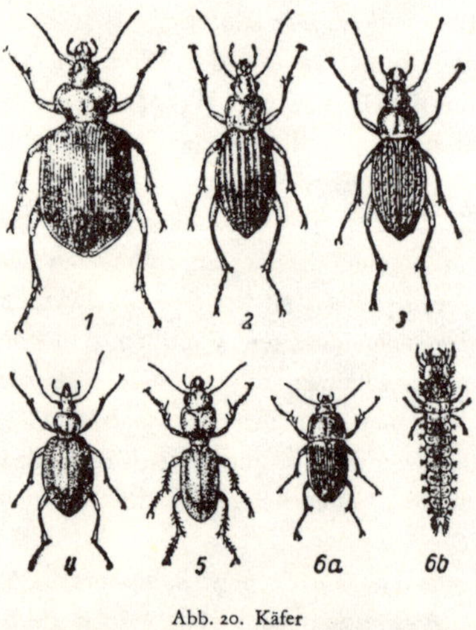

Abb. 20. Käfer
Arten der Familie Laufkäfer, *1* Puppenräuber (*Calosoma sycophanta*), *2* Goldlaufkäfer (*Carabus auratus*), *3* Körnerwarze (*Carabus cancellatus*), *4* Schaufellaufkäfer (*Cychrus rostratus*, *5* Kopfkäfer (*Broscus cephalotes*), *6a* Getreidelaufkäfer (*Zabrus tenebrioides*), *6b* dessen Larve

käfer (*Cerambycidae*), Blattkäfer (*Chrysomelidae*), Rüsselkäfer (*Curculionidae*) und vielen anderen.

F ä c h e r f l ü g l e r (*Strepsiptera*) (s. Abb. 21). Wenige Millimeter lange, im männlichen Geschlecht käferähnliche Insekten, die sich als Schmarotzer im Hinterleib von Hautflüglern und Zikaden entwickeln. In Deutschland 8 Arten. Die Weibchen sind geschlechtsreif gewordene Larven, die den Hinterleib des Wirtstieres nicht verlassen. Die Vorderflügel der Männchen sind zu Schwingkölbchen umgebildet. Entwicklung mit vollkommener Verwandlung (Puppenstadium) und zwei verschieden gebauten Larvenstadien.

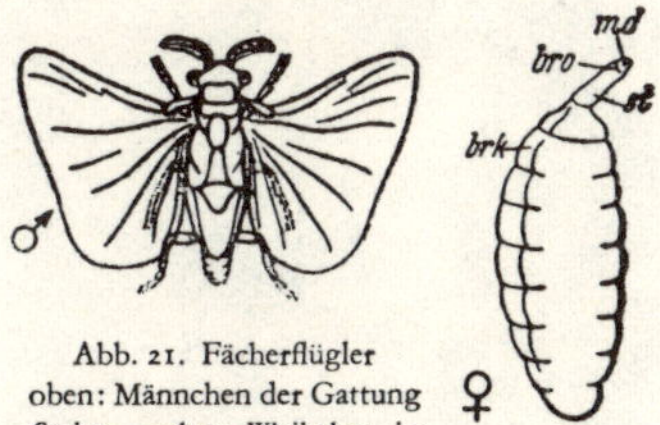

Abb. 21. Fächerflügler oben: Männchen der Gattung *Stylops*, rechts: Weibchen in Seitenansicht; *brk* Brutkanal, *bro* Brustspalte, *md* Oberkiefer, *st* Stigma

Die vier jetzt folgenden Ordnungen wurden früher oft zu einer Gruppe (Netzflügler) zusammengefaßt. Neuerdings ist diese alte Ordnung aber aufgeteilt worden:

S c h l a m m f l i e g e n (*Megaloptera*) (s. Abb. 22). Einfarbig dunkle Netzflügler von 1—2 cm Größe. 3 einheimische Arten, die am Rande von Gewässern leben und keine Nahrung zu sich nehmen. Die aschgrauen, reich geaderten Flügel werden in Ruhestellung dachartig über dem Hinterleib zusammengelegt. Die Entwicklung ist vollkommen. Die Larven leben in selbstgegrabenen Röhren am Gewässergrund und nähren sich räuberisch. Am Hinterleib besitzen sie an jedem Segment ein Paar gegliederter Kiemen. Die reife Larve verläßt das Wasser, um sich in einer Erdhöhle am Ufer zu verpuppen.

Abb. 22. Schlammfliegen Weibchen von *Sialis flavilatera*

K a m e l h a l s f l i e g e n (*Raphidiina*) (s. Abb. 23). Dunkel glänzende, schlanke Netzflügler von 1—2 cm Größe; bei uns 12 Arten. Sie leben vor allem in Wäldern. Vorderbrust zu einem Hals verlängert. Vier glasige Flügel, mit denen die Tiere geschickt fliegen können. Weibchen mit langer Legeröhre. Die (vollkommene) Verwandlung beginnt mit einer sehr beweglichen Larve — sie kann auch geschickt rückwärts laufen —, die sich in Holz

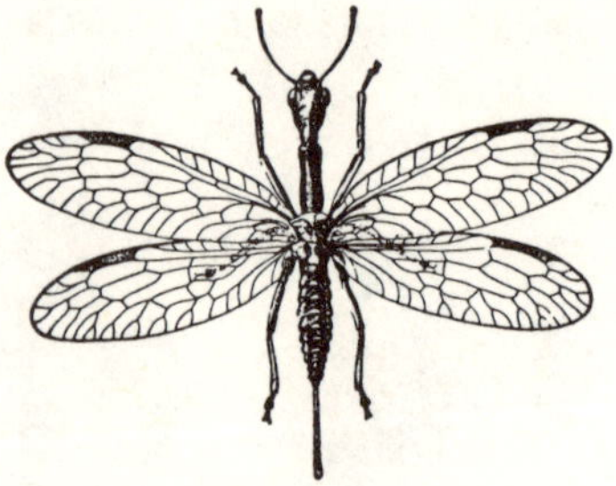

Abb. 23. Kamelhalsfliegen
Weibchen der Gattung *Raphidia*

und unter Rinden räuberisch von anderen Insekten ernährt. Die Verpuppung erfolgt unter der Rinde in einer „Puppenwiege"; es werden zwei Puppenstadien durchlaufen, von denen das erste unbeweglich, das letzte aber lebhaft beweglich ist.

N e t z f l ü g l e r (*Planipennia*) (s. Abb. 24). Meist düster braun oder grünlich gefärbte Insekten von 1 bis 6 cm Größe; bei uns ca. 65 Arten. Die Geschlechtstiere finden sich an Bachrändern, Waldwiesen, Hecken, zum Teil auch (Überwinterung) in Häusern und nähren sich räuberisch von anderen Insekten. Fühler lang und vielgliedrig, manchmal keulig verdickt. Vorderbeine manchmal zu Raubbeinen umgebildet. Vier gleichartige, netzadrige Flügel, die in Ruhestellung dachartig über dem Hinterleib liegen. Verwandlung mit Puppenstadium. Die Larven haben spitze Saugkiefer, mit denen sie Insekten oder Schwammzellen (Schwammfliegen) anstechen und aussaugen. Die Verpuppung erfolgt in einem seidenartigen Kokon.

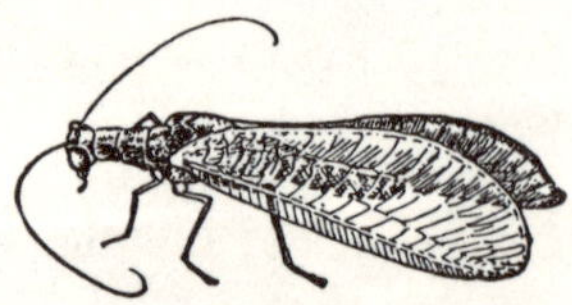

Abb. 24. Netzflügler
Florfliege (Goldauge) der Gattung
Chrysops

Bei uns folgende Familien: Fanghafte (*Mantispidae*), Schmetterlingshafte (*Ascalaphidae*), Ameisenlöwen (*Myrmeleontidae*), Bachhafte (*Osmylidae*), Schwammfliegen (*Sisyridae*), Blattlauslöwen (*Hemerobiidae*), Goldaugen- oder Florfliegen (*Chrysopidae*), Staubhafte (*Coniopterygidae*).

S k o r p i o n s f l i e g e n (*Mecoptera*) (s. Abb. 25). Zarthäutige, meist düster gefärbte Landinsekten mit dunkler Binden- und Fleckenzeichnung auf Rumpf und Flügeln. Bei uns 10 Arten von 2—25 mm Länge, die auf Sträuchern und im Moos von toten Insekten, seltener räuberisch leben. Kopf mit schnabelartig verlängertem Mund, daran beißende Mundwerkzeuge. Flügel lang, schmal, in Ruhestellung nach hinten gerichtet und über den Hinterleib gelegt, manchmal auch mit verkümmerten Flügeln. Männchen der Familie *Panorpidae* mit einer skorpionschwanzartigen Verlängerung des Hinterleibes. Die Larven sind raupenartig, mit beißenden Mundteilen und stummelförmigen Hinterleibsfüßen. Sie leben am Erdboden und sind Allesfresser. Auch die Verpuppung erfolgt im Boden in einer länglichen Puppenwiege.

Einheimische Familien: Gletscherflöhe (*Boreidae*), Mückenhafte (*Bittacidae*) und echte Skorpionsfliegen (*Panorpidae*).

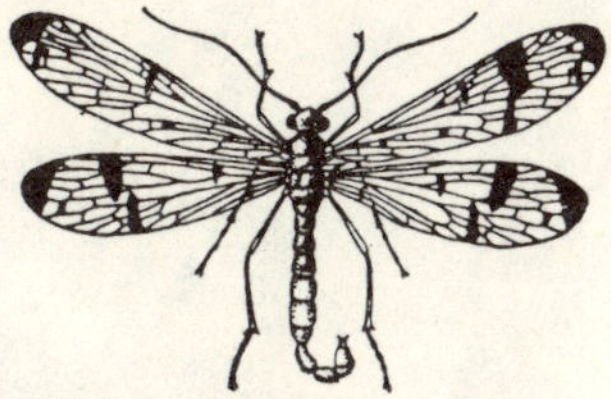

Abb. 25. Skorpionsfliegen
Männchen der gemeinen Skorpionsfliege (*Panorpa communis*)

K ö c h e r f l i e g e n (*Trichoptera*) (s. Abb. 26). Mittelgroße, mottenähnliche Insekten mit meist düster bräunlicher Färbung. In Deutschland ca. 280 Arten von 5—40 mm Größe, die fast ausschließlich am Ufer von Gewässern, oft in lebhaft flatterndem Fluge angetroffen werden. Sie leben dort von Pflanzensäften; die meisten Arten sind Dämmerungstiere. Der Kopf mit meist recht großen Komplexaugen besitzt saugend-leckende Mundwerkzeuge und oft sehr lange Fühler. Die Vorderflügel sind schmal und lang, bräunlich bis schwarz getönt und mehr oder weniger dicht behaart. Die Hinterflügel sind größer und meist glasig-häutig. Die Larven (s. Abb. 61—65), die mit einer einzigen Ausnahme im Wasser leben und meist Kiemen tragen, sind bei einigen Familien frei bewegliche Räuber, welche am Grunde der Gewässer auf Steinen etc. umherklettern bzw. dort Netze spinnen, deren Inhalt (Abfallstoffe, Plankton, Insekten) sie verzehren. Bei den meisten Arten jedoch verbergen die Larven ihren Hinterleib in einem aus Sekret, Sandkörnern, Pflanzenteilen oder Schneckenschalen gefertigten Köcher („Sprockwürmer“, „Hülsenlarven“), den sie bei der Fortbewegung mit sich umhertragen. Zur Verpuppung wird von allen Arten ein festes Gehäuse angefertigt. Die daraus schlüpfende (reife) Puppe schwimmt und klettert an Land, wo die Imaginalhäutung stattfindet.

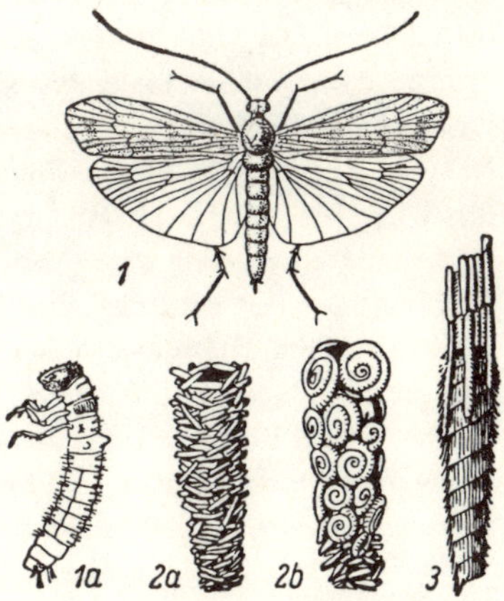

Abb. 26. Köcherfliegen
1 Imago der Gattung *Limnophilus*, *1a* deren Larve, *2a* und *2b* Larvengehäuse der Gattung *Limnophilus*, *3* Larvengehäuse der Gattung *Phryganea*

Abb. 27. Schmetterlinge
Einige Arten der Familie Fleckenfalter: 1 Kleiner Fuchs (*Vanessa urticae*), 2 C-Falter (*Polygonum c-album*) 3 Trauermantel (*Vanessa antiopa*), 4 Landkärtchen (*Arachnia levana*), Frühjahrsgeneration, 5 die Sommergeneration der gleichen Art, 6 Großer Schillerfalter (*Apatura iris*), 7 Tagpfauenauge (*Inachys io*), 8 Admiral (*Pyrameis atalanta*)

Schmetterlinge (*Lepidoptera*) (s. Abb. 27). Weichhäutige, schlanke Insekten mit stark behaartem Körper und meist lebhaft bunten Flügeln. Bei uns leben ca. 3000 Arten mit einer Körpergröße von wenigen Millimetern bis zu 6 cm. Die Vollkerfe (Falter) ernähren sich von Blütennektar und anderen Pflanzensäften und finden sich in den verschiedenartigsten Lebensräumen. Der Kopf trägt einen spiralig eingerollten Rüssel, mit dem die Nahrung aufgesaugt wird. Die Flügel sind groß und nicht faltbar; Vorderflügel fast stets länger als Hinterflügel, beide stets beschuppt und meist bindenartig oder fleckig gezeichnet. Die Larven (s. Abb. 32) sind Raupen, d. h. Jugendstadien mit Brustbeinen und zusätzlichen Hinterleibs-Fußstummeln (Afterfüßchen), mit kauenden Mundwerkzeugen und als Spinndrüsen ausgebildeten Speicheldrüsen. Sie sind fast ausnahmslos Pflanzenfresser, welche frei auf Blättern oder anderen Pflanzenorganen leben oder in Holz, Rinde, Nadeln oder Blättern und Früchten minieren. Die Puppe (s. Abb. 35) ruht meist in einem Gespinstkokon.

Von den zahlreichen Familien sollen nur die in unserer Heimat wichtigsten genannt werden: Motten (*Tineoidea*), Widderchen (*Zygaenidae*), Zünsler (*Pyralidae*), Glucken (*Lasiocampidae*), Schwärmer (*Sphingidae*), Spinner (*Bombycidae*), Spanner (*Geometridae*), Bären (*Arctiidae*), Eulen (*Noctu-*

idae), Weißlinge (*Pieridae*), Ritter (*Papilionidae*), Bläulinge (*Lycaenidae*), Fleckenfalter (*Nymphalidae*).

Zweiflügler (*Diptera*) (s. Abb. 28). Winzige bis große Kerbtiere von sehr verschiedener Körperform und vorwiegend dunkler, manchmal auch bunter und lebhaft metallischer Färbung. In Deutschland ca. 5000 Arten von etwa 2—30 mm Länge mit sehr unterschiedlicher Lebensweise in den verschiedensten Lebensräumen. Der Kopf mit saugend-stechendem oder leckendem Rüssel. Die Vorderflügel sind glasartig durchsichtig und meist nur sparsam geädert, die Hinterflügel sind zu trommelschlegelartigen Schwingkölbchen (Halteren) umgestaltet. Entwicklung mit vollkommener Verwandlung (Holometabolie). Die Larven sind stets beinlos, aber nur die im Inneren von Pflanzen, Tieren oder Abfallstoffen lebenden Arten haben die typische madenartig-farblose Form. Der Kopf der Larven ist oft weitgehend rückgebildet. Viele wasserbewohnende Mückenlarven können sich auch ohne Beine schwimmend sehr geschickt bewegen, oder sie bilden stummelförmige Scheinfüßchen aus (s. Abb. 69). Die Lebensweise ist äußerst verschiedenartig; von Räubern, Aas- und Kotfressern sowie Abfallfressern über pflanzen- oder bodenbewohnende Formen bis zu Parasiten im Inneren anderer Tiere sind alle denkbaren Lebenstypen vertreten. Die Mückenlarven wachsen zu frei beweglichen (s. Abb. 70) oder in Höhlen ruhenden Puppen heran, Fliegenlarven dagegen ergeben die sogenannten Tönnchenpuppen, bei denen die eingetrocknete Haut des letzten Larvenstadiums zur Schutzhülle der Puppe wird.

Zwei Unterordnungen mit zahlreichen Familien. 1. Unterordnung: Mücken (*Nematocera*) mit den Familien Schnaken (*Tipulidae*), Gallmücken (*Cecidomyidae*), Stechmücken (*Culicidae*), Zuckmücken (*Chironomidae*) und anderen. 2. Unterordnung: Fliegen (*Brachycera*), mit den Familien Holz-

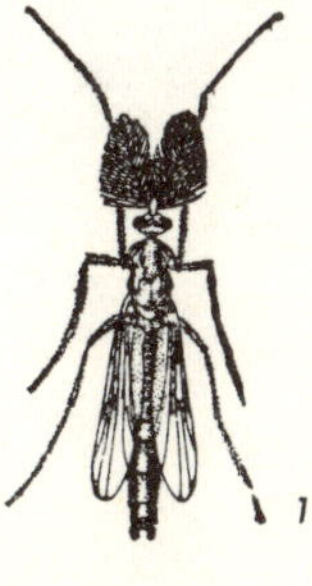
1

Abb. 28. Zweiflügler
Unterordnung Mücken (Nematocera) *1* Zuckmücke (*Chironomus*), Unterordnung Fliegen (Brachycera) *2* Halmfliege (*Chlorops*)

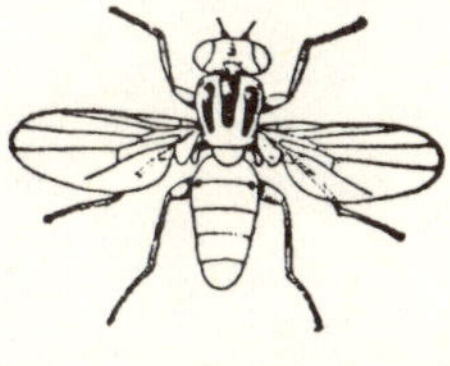
2

fliegen (*Xylophagidae*) (s. Abb. 42), Bremsen (*Tabanidae*), Waffenfliegen (*Stratiomyidae*), Raubfliegen (*Asilidae*), Tanzfliegen (*Empididae*), Schwebfliegen (*Syrphidae*), Taufliegen (*Drosophilidae*) (s. Abb. 31), Halmfliegen (*Chloropidae*), Lausfliegen (*Hippoboscidae*), Kotfliegen (*Cordyluridae*) (s. Abb. 49), Stubenfliegen (*Muscidae*) und andere.

Flöhe (*Aphaniptera*) (s. Abb. 29). Hochrückig schmale, einfarbig chitinbraune, 1—6 mm lange Insekten. In Deutschland 55 Arten, die an Wirbeltieren als Blutsauger schmarotzen. Der harte, seitlich abgeplattete Körper trägt zahlreiche nach rückwärts gerichtete Borsten. Der Kopf besitzt stechend-saugende Mundwerkzeuge. Flügel fehlen stets. Die Beine sind meist lange Sprungbeine. Entwicklung mit volkommener Verwandlung. Die Larven sind langgestreckt, fußlos, lebhaft beweglich und mit beißenden Mundwerkzeugen versehen. Sie leben nicht parasitisch, sondern von Pilzen, Abfällen und Exkrementen meist im Lager ihrer Wirtstiere. Zur Verpuppung spinnen sie einen Kokon. Die Puppe besitzt manchmal angedeutete Flügelstummel.

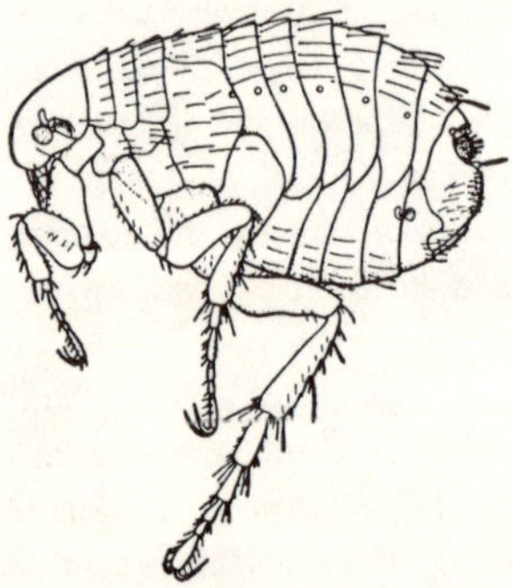

Abb. 29. Flöhe
Weibchen des Menschenflohes
(*Pulex irritans*)

3

WIE LEBEN DIE INSEKTEN?

Bei der Behandlung der einzelnen Ordnungen im vorigen Kapitel dieses Buches wurde bereits darauf hingewiesen, wo die Arten dieser Gruppen hauptsächlich anzutreffen sind. Dies geschah jedoch nur in stichwortartigen Andeutungen und es wird nunmehr notwendig sein, die Lebensbedingungen der Insekten noch etwas eingehender zu betrachten.

Die Ökologie, d. h. die Lehre von den Umweltbedingungen der Lebewesen zeigt, daß jedes Tier und jede Pflanze in der Lebensfähigkeit abhängig sind von einer großen Anzahl von Faktoren. Diese können der unbelebten Natur angehören (Klimafaktoren etc.), können aber auch ihrerseits lebender Natur sein (Nahrung und Feinde). Jede dieser Umweltbedingungen kann an verschiedenen Stellen der Erdoberfläche und zu verschiedenen Jahreszeiten recht unterschiedliche Werte annehmen und dabei mit unterschiedlichen Werten anderer Faktoren gekoppelt sein. So entsteht ein vielschichtiges Netzwerk von Lebensbedingungen und ihren Kombinationen, in dem jedes Lebewesen nur einen beschränkten Raum behaupten kann.

Betrachten wir zwei besonders wichtige Eigenschaften der unbelebten Umwelt (abiotische Faktoren), die Temperatur und die Feuchtigkeit, etwas näher.

Die Temperatur der belebten Erdoberfläche umfaßt eine Skala von etwa 120°, nämlich von ca. —60° bis ca. +60° Celsius. Überall können Tiere — auch Insekten — leben, es sind aber jeweils verschiedene Arten, die in einzelnen Temperaturbereichen auftreten. So fühlen sich der Frostspanner (Schmetterling) oder die Gletscherflöhe (Skorpionsfliegen) bei Temperaturen unter null Grad wohl, ja ohne solche Kälte kann ihre Entwicklung gar nicht ablaufen. Andererseits leben z. B. gewisse Zuckmücken (Zweiflügler) als Larven in etwa 60° heißen tropischen Warmwasserquellen.

Die Feuchtigkeit umspannt die Werte von völliger Trockenheit bis zu 100%iger Wasserdampfsättigung der Luft bzw. bis zur Feuchtigkeit des Wassers selbst, wie sie in Schlamm, Mooren und anderen Gewässern auftritt. Einzelne Insekten, z. B. unsere Kleidermotte (Schmetterling) und manche holzbewohnenden Käfer (z. B. die „Totenuhr“) leben in einer fast vollständig trockenen Umgebung, nehmen auch kein Wasser mit der Nahrung auf und lehnen jede Feuchtigkeit ab. Auf der anderen Seite steht eine große Anzahl von Kerbtieren, die während ihres ganzen Daseins — oder wenigstens als Larven — direkt im Wasser leben.

Grundsätzlich das gleiche gilt für die Einflüsse der belebten Umwelt (für die biotischen Faktoren): auch sie schwanken in weitesten Grenzen und können von den einzelnen Arten in unterschiedlichem Maße ertragen werden.

Denken wir z. B. an die Nahrung: die meisten Insekten können das Fehlen von Nahrung lange Zeit ertragen; die Bettwanze kann sogar Jahrzehnte in einem „Hungerschlaf" in den Spalten und Ritzen eines verlassenen Hauses verbringen, bis mit einem neuen Mieter wieder Nahrung für sie greifbar wird. Der frisch aus der Puppe geschlüpfte Marienkäfer dagegen stirbt schon nach wenigen Stunden, wenn er nicht auf Blattläuse (seine Beutetiere) trifft. Vor allem aber ist die „Speisekarte" der Insekten nicht nur ihrem Inhalt, sondern auch ihrem Umfang nach äußerst unterschiedlich. Auf der einen Seite finden wir Spezialisten, die völlig von einer einzigen Nahrungsquelle abhängig sind, wie die Seidenraupe, die sich nur von den Blättern des Maulbeerbaumes ernährt. Auf der anderen Seite stellt unsere Küchenschabe in ihrer Ernährung einen Rekord an Anspruchslosigkeit auf: sie frißt tatsächlich alles, was nur den geringsten Nährwert hat — lebende Tiere, Fleisch, Fette, Pflanzenteile, Abfälle, Aas und Kot — und daneben selbst unverdauliche Stoffe wie Lumpen und Papier.

Bei jeder Insektenart gibt es also für alle Faktoren einen beschränkten Bereich, in dem die Tiere lebensfähig sind und einen noch beschränkteren, dem sie angepaßt sind, in dem sie sich wohlfühlen, der — wissenschaftlich ausgedrückt — ihr Optimum ist. Liegen sämtliche Umweltfaktoren für eine Art im Optimum, so befindet sie sich in ihrem „ökologischen Optimum", worauf es meist zur Massenvermehrung kommt.

Solche Massenvermehrungen einer Art sind in der Natur recht selten, denn meist schwanken die verschiedenen Faktoren der Umwelt, und nur selten treffen sie alle zusammen und schaffen das ökologische Optimum der betreffenden Art. So mögen — um ein einfaches Beispiel zu nennen — einmal drei Jahre lang in einem Gebiet starke Fröste ausgeblieben sein, und die Feuchtigkeit des Erdbodens war stets so günstig, daß sich zahllose Engerlinge zu Maikäfern entwickeln konnten (Temperatur und Feuchtigkeit waren also für die Larven im Optimum). Diese Umweltbedingungen begünstigten aber auch andere — einjährige — Insekten, die dementsprechend in großer Zahl auftraten, so daß ihre Feinde (die Vögel und Fledermäuse) sich der reichlichen Nahrung halber stark vermehren konnten. So treffen die nun schlüpfenden Maikäfer auf einen „Feindfaktor", der keineswegs im Optimum dieser Tiere liegt: Die Feinde sind so zahlreich vorhanden, daß die Käfer in riesiger Zahl vernichtet werden und nur wenige zur Fortpflanzung gelangen. Man nennt solche gesetzmäßigen Schwankungen im Mengenbestand der einzelnen Arten den M a s s e n w e c h s e l, und sein Studium gehört zu den schwierigsten, aber auch interessantesten Aufgaben der Ökologie.

Der Massenwechsel der „Schädlinge" (ein Ausdruck, den der Insektenfreund wenig liebt) führt in neuerer Zeit häufig zu Insektenplagen, die erheblichen wirtschaftlichen Schaden anrichten können. Bei der Einführung der sogenannten Monokulturen (Feldbestellung oder Waldaufforstung mit einer einzigen Pflanzenart) hat der Mensch unbedacht in das (biotische) Faktorengefüge einzelner Insektenarten eingegriffen und für solche Formen, die auf die betreffende Pflanze spezialisiert sind, ein derartiges Nahrungsangebot geschaffen, daß diese wie im Schlaraffenland leben und sich in unvorstellbaren und in der Natur eigentlich gar nicht vorgesehenen Mengen vermehren können. In einem fein säuberlich und regelmäßig angepflanzten reinen Kiefernwald — in Amerika spricht man in solchem Falle wenig schmeichelhaft von Wäldern „deutscher Art" — braucht kein Nonnenweibchen (Schmetterling) vergeblich nach einem Platz zur Eiablage zu suchen, und keine Nonnenraupe wird an Nahrungsmangel eingehen. Auch die nächste Generation findet noch einen gedeckten Tisch, und wenn schließlich die Raupen zu Tausenden auf jedem einzelnen Baume sitzen, hilft nur noch der Giftgasnebel, in dem zusammen mit den „Schädlingen" auch alle „Nützlinge" des Waldes vernichtet werden. Die Schuld an den Schädlingsplagen trifft hier also einzig und allein den Menschen.

Die Kombinationen der Umweltbedingungen sind in der Natur nicht völlig willkürlich, sondern treten mit besonderer Häufung in gewissen Typen auf. Solche typischen, regelmäßig vorkommenden Kopplungen von Lebensbedingungen (z. B. das gleichmäßig kühle, sauerstoffreiche und langsam bewegte Wasser der Quellen oder die dunkle, an organischen Abfallstoffen reiche und starken Temperaturschwankungen unterliegende Laubstreuschicht der Wälder) nennt man L e b e n s r ä u m e (Biotope).

Wir wollen uns hier gleich merken, daß dem so oft verwendeten Begriff „Lebensraum" auch andere Deutungen gegeben werden. Der Name besagt ja zunächst nur, daß es sich um einen Raum handelt, in dem das Leben eines Organismus abläuft. Im allgemeinen Sprachgebrauch wäre also z. B. der Blumentopf der Lebensraum der Zimmerpflanze und das Bauer der Lebensraum des Kanarienvogels. Beides sind Beispiele für „Lebensräume", in denen das Dasein eines Lebewesens zur Not ablaufen kann. Weiterhin kann man mit Lebensraum auch das geographische Gebiet bezeichnen, in dem das Leben eines Tieres oder einer Pflanze normalerweise abläuft, mit anderen Worten also: das natürliche Verbreitungsgebiet. Für unsere Zwecke aber wollen wir dem Begriff die ökologische Bedeutung geben, die oben erläutert wurde.

Da wir sahen, daß jedes Lebewesen an seine Umwelt bestimmte Anforderungen stellt, müssen wir erwarten, daß bei bestimmten Umweltbedingungen stets ganz bestimmte Arten auftreten. An den einzelnen Lebensräumen unserer Erde — also an regelmäßig vorkommenden Stellen mit gleicher Kombination von Umweltbedingungen — müssen wir daher also regelmäßig auftretenden Gemeinschaften von Tieren und Pflanzen begegnen. Wir finden solche gesetzmäßigen Vergesellschaftungen verschiedener Lebewesen in bestimmten Räumen tatsächlich vor und nennen sie Lebensgemeinschaften (Biozönosen). Der Buchenwald, die feuchte Talwiese, Teiche, Quellen und Moore sind Beispiele für solche Lebensräume mit eigenen Lebensgemeinschaften. Aber auch ein einzelner vermodernder Baumstumpf (s. S. 74) ist ein Lebensraum für eine bestimmte Lebensgemeinschaft, ebenso ein Kothaufen (s. S. 80) oder ein Kadaver (s. S. 84). Und schließlich können einzelne Pflanzen oder Tiere — die ihrerseits Mitglied einer größeren Lebensgemeinschaft sind — zum Lebensraum für eine kleinere Biozönose werden. So ist eine einzelne Eiche z. B. Mitglied der großen Lebensgemeinschaft des Eichen-Hainbuchenwaldes, ist aber zugleich der Lebensraum für eine eichenbewohnende Lebensgemeinschaft von Pilzen, Flechten und zahllosen Insekten.

Innerhalb des Lebensraumes, in dem die Mitglieder einer Lebensgemeinschaft vorkommen, führen die einzelnen Tierarten ihr zum Teil sehr unterschiedliches Dasein — ihre Aufgaben im Biotop sind ganz verschieden. So finden wir unter den Bewohnern einer Buche zunächst einzelne Arten, die sich von Blättern, Knospen, von Holz oder von der Wurzel des Baumes ernähren, dabei jeweils solche, die die Pflanzenteile abnagen und andere, die im Inneren fressen (minieren) oder Gallen anlegen. Zur gleichen Lebensgemeinschaft gehören aber auch Arten, die selbst keine Pflanzennahrung aufnehmen, sondern sich räuberisch von den Pflanzenfressern ernähren (z. B. das schon erwähnte Marienkäferchen, das nur Blattläuse frißt), und schließlich sogar Schlupfwespen, deren Larven nur von den Larven solcher räuberischer Insekten leben. Der Lebensraum selbst gibt uns also sozusagen nur die allgemeine „Adresse" an, unter der wir eine Insektenart auffinden können. Daneben aber haben diese Arten in ihrem Lebensraum einen „Beruf" — man nennt dies in der Ökologie eine „Nische". Erst wenn wir Biotop und Nische einer Tierart kennen, haben wir sie ökologisch eingeordnet und können sie nun leicht auffinden. Für das Tagpfauenauge, das wir für unsere Beobachtungen später suchen müssen (s. S. 60), heißt so „Adresse und Beruf": Brennessel/Blattfresser; für den Hirschkäfer (Larve): Eichenwald/Wurzelholz — Mulmfresser, (Imago): Eichenwald/Baumsaftlecker.

Schließlich soll in dieser ökologischen Einführung eine bemerkenswerte Erscheinung besprochen werden, die uns später noch eingehend beschäftigen wird (s. S. 78). Es ist die Tatsache, daß die Lebensgemeinschaften einen gesetzmäßigen Wechsel durchmachen, der in irgendeiner Form allen lebenden Gebilden unserer Welt gemeinsam zu sein scheint. Von einem Einzelwesen (Individuum) wissen wir, daß seine Geschichte mit der Geburt bzw. der Eiablage beginnt und über ganz bestimmte Jugendstadien (Larve) zum Erwachsensein führt (Imago), auf das dann Vergreisung und Tod folgen — wobei die vorherige Befruchtung und Eiablage für den gleichen Ablauf bei einer neuen Generation sorgt.

Alle Individuen dieser Reihe zusammen bilden die Art, und wir wissen, daß auch für sie als Ganzes ein ähnlicher Lebensablauf gilt. Er begann einst mit der Artentstehung, führte über die zahllosen Generationen der Zeiträume, in denen die Art besteht und endet schließlich mit deren Aussterben, wobei vor dem Absterben oft noch ein Übergang in neue Arten erfolgt. Auch bei den Lebensgemeinschaften finden wir einen Lebensablauf, der an den eines Einzelwesens erinnert und der es ermöglicht, in dem Komplex Lebensraum + Lebensgemeinschaft einen „Organismus höherer Ordnung" zu sehen. Die Lebensgemeinschaft beginnt ihr Dasein mit der Erstbesiedlung eines neu entstehenden Biotops (s. S. 81). Im Ablauf des Jahres mit seinen wechselnden Umweltbedingungen verändert sie ihr Gesicht — denken wir nur an eine Waldwiese mit ihren Pflanzen und Tieren — und nacheinander treten im Jahresablauf die einzelnen Aspekte auf. Solche Aspektfolgen können wir in jedem Lebensraum besonders bei Insekten beobachten, da diese ja meist festliegende Flugzeiten haben, in denen sie in einem Biotop als Imagines auftreten (oder einen anderen — als Larven — verlassen). Aber diese Aspekte, so wichtig sie sind, sind nicht allein gemeint, wenn wir von einer lebensähnlichen Geschichte der Lebensräume sprechen.

Damit ist vielmehr vor allem gemeint, daß nach längerem Bestehen eines Lebensraumes (manchmal nach Jahren, oft sogar erst nach vielen Jahrhunderten) und nach stets gleichmäßigem Wechsel der Aspekte seiner Lebensgemeinschaft dieser Lebensraum selbst — meist gerade durch die Lebenstätigkeit seiner Bewohner — altert, seine Beschaffenheit allmählich ändert und schließlich „stirbt“, d. h. ein anderer Biotop mit einer anderen Biozönose (Lebensgemeinschaft) wird.

Betrachten wir z. B. den Lebensraum eines Teiches. Seine Lebensgemeinschaft — Bakterien, Pflanzen und Tiere des Wassers — erhält sich jahrzehnte- und jahrhundertelang in ihm. Ihre organische Masse sammelt sich dabei am Grunde als Schlamm an, der die Teichfläche zunehmend verkleinert. Der Teich „verlandet“, und schließlich stirbt dieser Biotop und mit ihm seine Biozönose, und der Lebensraum „feuchte Talwiese“ mit der entsprechenden Lebensgemeinschaft tritt an seine Stelle. Ebenso kann ein Wald allmählich von der Heide verdrängt werden. (Ein weiteres Beispiel werden wir auf Seite 85 näher kennenlernen.) Man nennt diese Tatsache der gesetzmäßigen Veränderung und Alterung die Sukzession des Lebensraumes.

Meist endet diese Sukzession der Lebensgemeinschaften bei sogenannten Klimaxgesellschaften; dies sind besonders stabile Endgesellschaften, welche sich erst bei einschneidenden Klimaänderungen der Erdoberfläche ihrerseits weiter abändern.

Betrachten wir abschließend noch die für Insekten wichtigsten Lebensräume im einzelnen, so ist vor allem zwischen denen des Wassers und denen des Landes zu unterscheiden.

Wasser

Fast 2200 Insektenarten unserer Heimat leben — zumindest zeitweilig im Verlauf ihrer Entwicklung — im Wasser, und zwar fast ausschließlich im Süßwasser, denn das Meer ist, merkwürdig genug, ein Lebensraum, der den Insekten beinahe völlig verschlossen ist.

In Abb. 2 (S. 18) ist bereits angedeutet, welche artenmäßigen Anteile der einzelnen großen Ordnungen dem Wasserleben zugehören. Abb. 30 dagegen zeigt die gesamte Insektenwelt des deutschen Süßwassers, aufgeteilt nach der Artenzahl der einzelnen Ordnungen.

Wie wir sehen, sind es besonders die Zweiflügler, die diesen Lebensraum beherrschen, und unter ihnen vor allem die Unterordnung der Mückenartigen, die mit weit mehr als tausend Arten über die Hälfte aller Wasser-

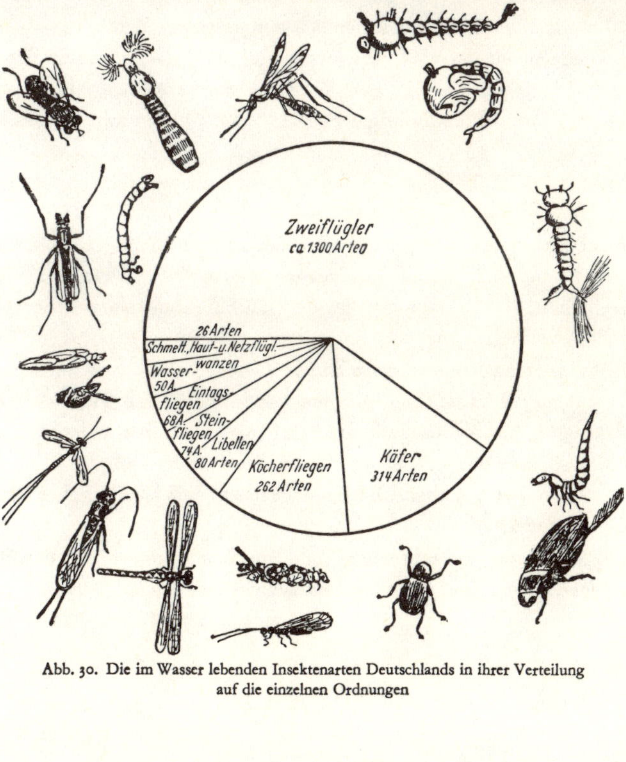

Abb. 30. Die im Wasser lebenden Insektenarten Deutschlands in ihrer Verteilung auf die einzelnen Ordnungen

insekten stellen. Wir werden uns mit ihnen später noch zu beschäftigen haben (s. S. 106). Für jetzt soll nur darauf hingewiesen werden, daß diese Tiere nur als Larven im Wasser leben, immerhin also während der längsten Zeit ihrer Entwicklung, wogegen die Imagines Land- und Lufttiere sind. Bei der nächst artenreichen Wasserinsektengruppe der Käfer gilt dies nur in Ausnahmefällen. Die meisten wasserbewohnenden Käfer leben während ihres ganzen Daseins im Wasser oder verlassen es nur, um als Geschlechtstiere aufzufliegen und ein neues Gewässer aufzusuchen. Köcherfliegen, Libellen, Stein- und Eintagsfliegen sind wiederum nur als Larven Wassertiere, während die Imagines ihr Leben oft weit vom Wasser entfernt führen. Bei den Wasserwanzen haben wir dann nochmals eine Insektengruppe vor uns, bei der alle Entwicklungsstadien im Wasser (z. B. Rückenschwimmer) oder auf dem Wasser (z. B. Wasserläufer) vorkommen. Die letzte, kleinste Gruppe der Abb. 30 sei hier nur der Kuriosität halber erwähnt: es gibt tatsächlich sogar Schmetterlinge im Wasser, nämlich einige wenige Arten, die als Raupen an Wasserpflanzen im Wasser leben, und auch einige Hautflügler, die als winzige Parasiten die Eier von Wasserkäfern bewohnen und sogar als Imagines mit ihren ruderähnlichen Flügeln unter Wasser schwimmen können.

Das Wasser zeigt bei genauer Betrachtung sehr verschiedene Lebensräume.

Zunächst sind da die stehenden Gewässer: Tümpel, Teiche und Seen mit einer großen Anzahl von Insekten-Biozönosen. In einem See z. T. die Gesellschaft der Brandungszone, des Laichkrautgürtels, des Seerosengürtels und der Tiefenzone.

Daneben aber finden wir ganz andere Gesellschaften von Insekten im fließenden Wasser der Quellen, Bäche und Flüsse. Hier kann man im Verlauf eines Flusses hintereinander auf folgende Lebensgemeinschaften stoßen (die Bezeichnungen stammen aus der Fischkunde): Quell-, obere und untere Forellen-, Äschen-, Barben-, Brassen- und Kaulbarsch-Flunder-Lebensgemeinschaft.

Schließlich nehmen die sauren und humusreichen Moorgewässer den Rang eines eigenen Biotops mit einer eigenen Lebensgemeinschaft ein.

Land

Obwohl das Wasserleben das ursprünglichere für Tiere ist, da alles Leben vom Wasser ausgegangen ist, sind die Insekten zur überwiegenden Mehrzahl „an Land" gegangen. In unserer Heimat sind es mehr als 25 000 Arten, die auf dem Lande leben, also mehr als zehnmal so viel wie im Wasser. Die Abb. 2 zeigt die Verteilung dieser Arten auf die einzelnen Ordnungen.

Die Fülle der Lebensräume der „terrestrischen" (landlebenden) Insekten ist so groß, daß diese hier nicht im einzelnen aufgezählt werden können. Wir müssen uns daher auf eine Erwähnung der wichtigsten und häufigsten beschränken. Dabei wollen wir zunächst zwischen den Biotopen der freilebenden Landbewohner und denen der Parasiten, welche im Inneren von lebenden Pflanzen oder Tieren vorkommen, unterscheiden.

Es ist selbstverständlich und jedem Naturfreund zur Genüge bekannt, daß einzelne Landschaftsformen wie Wiese, Wald, Feld, Heide, Gewässerufer, Meeresstrand, Moore und Brüche nicht nur ihre eigene Pflanzenwelt, sondern auch eine zugehörige Tierwelt aufweisen, daß also diese Gebiete auch für Insekten die Bedeutung einzelner Lebensräume haben.

Diese Einteilung ist aber noch recht grob, weshalb wir hier von „Groß-Lebensräumen" sprechen wollen. Innerhalb eines jeden von ihnen — vor allem bei Wäldern und Wiesen — unterscheidet der Pflanzenkenner eine große Anzahl von engeren Einheiten, von sogenannten Pflanzengesellschaften (z. B. die Hochgebirgs- und Mittelgebirgswiese, die feuchte Talwiese, oder den Tannenwald, den Eichenhainbuchenwald, den Buchenwald etc.). So gibt es in Deutschland mehr als hundert deutlich trennbare Pflanzengesellschaften. In jeder finden wir naturgemäß den ausschließlichen Lebensraum derjenigen Insektenarten (und ihrer Parasiten), welche nur von den dort vorkommenden Pflanzen leben. Darüber hinaus aber sind die unterschiedliche Beschaffenheit des Bodens und die Pflanzendecke selbst Anlaß für ein bestimmtes „Kleinklima", so daß wir in ihnen auch in der Nische der räuberischen Insekten oft nur ganz bestimmte Formen finden. Das heißt also: von jeder Pflanzengesellschaft ist anzunehmen, daß sie der Biotop einer Tier-Biozönose ist.

Der Ausdruck „ist anzunehmen" im vorigen Satze mag erstaunen; es gibt aber tatsächlich auch in unserer auf ihre Insektenwelt so gut durchforschten Heimat auf dem Gebiet der terrestrischen Ökologie noch so viele unerforschte Probleme — noch so viele weiße Flecke auf der Landkarte —, daß eine exakte Aussage über den Zusammenhang von Pflanzengesellschaften und Tierbiozönosen heute noch keineswegs gemacht werden kann. Ein weites Feld für Entdeckungen tut sich hier für den Naturfreund auf, und ganz besonders der Entomologe — ob er sich hauptberuflich oder als Liebhaber mit Insekten beschäftigt, spielt dabei keine Rolle — findet in ökologischen Fragen wie dieser ein unbeschränktes Tätigkeitsfeld.

Aber nicht nur ganze Pflanzengesellschaften sind die Lebensräume unserer Insekten; es wurde schon erwähnt, daß auch einzelne Bäume oder Sträucher zum Biotop einer Lebensgemeinschaft werden können, wie ja auch unter den Pflanzen die Moose und Flechten oft nur einzelne Bäume besiedeln.

Andere Lebensräume finden sich — ebenfalls unabhängig von den Pflanzengesellschaften — in zerfallender und faulender tierischer oder pflanzlicher Substanz: der verwesende Leichnam eines Vogels, der auf dem Waldboden liegt, oder ein Kothaufen des Weideviehs auf der Wiese sind solche Klein-Biotope, in denen sich ein reiches und typisches Insektenleben entwickelt, wie wir später (s. S. 88) noch sehen werden. Das gleiche gilt für zerfallendes Holz, den Mulm einzelner Baumstümpfe (s. S. 74) oder die Blattmassen der Streuschicht des Waldbodens, die sich allmählich zu Humus zersetzen.

Diese Lebensräume leiten über zu denen, die durch lebende Tier- und Pflanzenkörper gebildet werden. Man unterscheidet bei deren Bewohnern einmal die Außenparasiten (Ektoparasiten), wie Flöhe, Haarlinge, Federlinge etc., welche auf der Körperhaut eines Wirtstieres leben und sich vom Blut oder von Haaren und Schuppen ernähren bzw. — wenn der Wirt eine Pflanze ist — als Blatt-, Knospen-, Wurzelfresser, als Gallenbildner oder (wie die Wanzen) als Säftesauger auf der Pflanze leben. Zum anderen sind die Innenparasiten (Endoparasiten) zu nennen, welche im Innern anderer Tiere (z. B. viele Schlupfwespen in Insektenlarven) oder im Inneren von Pflanzenorganen (die Blattminierer, die Holzbohrer und die Samenfresser) leben.

Diese kurze Aufzählung der Lebensräume ist nur ein grober Überblick über die Vielzahl der terrestrischen Biotope und daher keineswegs vollständig. Auch die vorangegangene kurze Einführung in die Ökologie konnte nur einige der wichtigsten Begriffe und Tatsachen erwähnen, während viele interessante und beachtenswerte Dinge unberücksichtigt blieben. Die folgenden Kapitel dieses Buches werden als Anleitung zu Zucht und eigener Beobachtung von Insekten jedem Leser Gelegenheit geben, die bis jetzt gewonnenen Erkenntnisse zu vertiefen und auszubauen. Er wird neue Zusammenhänge kennen lernen und dabei die Erfahrungen sammeln, welche notwendig sind, um auf eigene Faust weitere Zuchten und Beobachtungen anzustellen, mit denen er selbst zur Erforschung unserer einheimischen Insektenwelt beitragen kann.

4

WIR ZÜCHTEN INSEKTEN

Wir beschreiben hier die Zucht von vier einheimischen und allgemein bekannten Insektenarten. Die eigene Arbeit des Lesers soll hier beginnen; sie ist wichtig für ein tieferes Eindringen in die Lebensvorgänge dieser Tiere und kann auf keinen Fall durch ein Überblättern und Durchlesen der folgenden Seiten ersetzt werden. Erst wenn man durch die Aufzucht einiger Insekten Verständnis für ihre Lebensweise gewonnen hat, und erst wenn man ihren Lebensablauf als Beobachter miterlebt hat, wird man mit diesen Tieren wirklich vertraut geworden sein.

Mit der Mehlwurmzucht kann man zu jeder beliebigen Zeit des Jahres — auch im Winter — beginnen, die Libellen wird man am besten im Frühling, die Tagpfauenaugen und Taufliegen im Sommer züchten. Die Reihenfolge, in der die Zuchten durchgeführt werden, bleibt also den äußeren Umständen überlassen; man kann (im Mai oder Juni) auch alle vier Aufzuchten gleichzeitig vornehmen. Wichtig ist nur, daß sie, oder wenigstens einige von ihnen, tatsächlich versucht werden.

Auch die Fragen, mit denen jede Zuchtanweisung schließt, sollte man an Hand der gesammelten Erfahrungen sorgfältig zu beantworten suchen, denn eine Insektenzucht ist wie jedes Experiment eine Frage an die Natur. Wozu aber sollten wir fragen, wenn wir nicht auch eine Antwort finden wollten?

Der Mehlwurm

Die Beschaffung unseres Zuchtmaterials, der Mehlwürmer, wird uns keine großen Schwierigkeiten bereiten. Sie in der freien Natur aufzufinden, wäre allerdings ein seltener Glücksfall, denn im Mulm alter, abgestorbener Bäume, wo diese Tiere „eigentlich" leben, sind sie durchaus nicht häufig. Auch in einer Mühle, wo es ja Mehl genug gibt, in einem Bäckerladen oder gar in einer Tüte voll Mehl vom Kaufmann werden wir (hoffentlich!) vergeblich nach ihnen suchen, denn die Mehlwürmer sind Vorratsschädlinge und werden daher überall, wo mit Mehl gearbeitet wird, energisch und erfolgreich bekämpft. Andererseits aber sind sie ein bewährtes und beliebtes Fisch- und Vogelfutter, weshalb sie viel gezüchtet werden und zu jeder Jahreszeit zur Verfügung stehen. Wir brauchen also nur in eine Tierhandlung zu gehen und uns dort für wenige Pfennige eine Tüte voll Mehlwürmer zu kaufen.

Auch das Z u c h t g e f ä ß ist kein Problem. Für das Gelingen unserer Zucht ist es ganz gleichgültig, ob wir eine Konservenbüchse, einen Blumentopf oder einen beliebigen anderen Behälter benutzen — nur vor einer Holzschachtel (Zigarrenkiste) wollen wir uns hüten: Die Mehlwürmer würden sich bald durch die Wand hindurchgenagt haben und sich unserer Pflege durch eilige Flucht entziehen. Da wir unsere Zucht von allen Seiten beobachten wollen, ist es am besten, wenn wir ein Glasgefäß benutzen. Wir wollen daher unsere Zucht in Einmachgläsern (oder Marmeladengläsern) durchführen, wie es sie in jedem Haushalt gibt.

Die E i n r i c h t u n g d e s Z u c h t g e f ä ß e s ist denkbar einfach. Die Mehlwürmer stellen keine hohen Ansprüche an ihre Umwelt; auch brauchen sie keine Schlupfwinkel, von denen aus sie auf Nahrungssuche gehen — es ist ihnen am liebsten, wenn sie direkt in einem Nahrungsberg sitzen, durch den sie sich nur hindurchzufressen brauchen. Diese Nahrung ist einfaches Mehl, wie wir es im Laden kaufen können.

Wir füllen deshalb unser Zuchtgefäß bis etwa zur Hälfte mit Mehl. (Für jede Larve soll ein Eierbecher voll Nahrung vorgesehen werden. Wir wollen 20 Larven in ein Glas setzen: etwa 20 Eierbecher voll Mehl kommen also in das Zuchtgefäß.) Außerdem zerbröckeln wir eine Scheibe Vollkornbrot und mischen die Brotkrümel unter das Mehl. Obenauf wird dann ein locker geknüllter Lappen gelegt — ein Stück eines alten Strumpfes, ein wenig Sackleinwand oder ähnliches. Damit ist beinahe alles getan! Weil es aber so besonders einfach ist, eine Mehlwurmzucht anzulegen, wollen wir ein kleines ökologisches Experiment mit ihr verbinden. Dazu brauchen wir mehrere getrennte Zuchten. Es werden deshalb auf die geschilderte Art d r e i Gefäße vorbereitet, jedes für die Aufnahme von etwa 20 Mehlwürmern. Wenn alle drei Behälter fertig sind, kann die Zucht beginnen.

Bevor wir aber die Mehlwürmer in ihre Glaskäfige setzen, wollen wir sie einmal genauer betrachten. Nehmen wir ruhig ein paar von den hartschaligen, glänzend-gelben Larven in die Hand! (Sie können uns weder beißen noch stechen, sie sind nicht giftig und auch nicht „eklig"; wir werden uns schon bald mit ihnen befreunden!) Wenn wir die Hand schließen, fühlen wir, wie sie in unserer Faust krabbeln und mit welcher Kraft die kleinen

Tierchen sich zwischen unsere Finger zu zwängen versuchen. Mit der Lupe sehen wir uns eine der Larven genauer an:

Sie ist etwa 1—3 cm lang, und wir sehen deutlich, daß ihr Körper aus Ringen (Segmenten) zusammengesetzt ist. An der Spitze des harten, kugligen Kopfes sitzen kleine, kräftige Beißzangen — die Mundwerkzeuge — und seitlich davon die Fühler. Bei stärkerer Vergrößerung können wir erkennen, daß diese Fühler aus vier Gliedern bestehen; das vorderste ist ein nadelfeines Spitzchen. Hinter der Fühlerwurzel sehen wir einen kleinen schwarzen Punkt und etwa 1 mm dahinter und schräg oberhalb davon einen zweiten. Dies sind die Punktaugen (Ocellen), mit denen die Larve zwar keine Gegenstände sehen, wohl aber hell und dunkel unterscheiden kann (wenn wir sie auf den Nahrungsberg setzen, wird sie schnell ins „Dunkle" kriechen, d. h. mitten in das Mehl hinein). Hinter dem Kopf folgen drei Brustringe, die jeweils an der Bauchseite ein Beinpaar tragen. Die Beine sind gegliedert und enden in einer hakigen Spitze. Hinter den beintragenden Brustringen zählen wir noch weitere 9 Körpersegmente, die zusammen den walzenartigen Hinterleib der Larve bilden. Jeder dieser Ringe hat an der Seite einen Querwulst, auf dem wir — etwas vor der Mitte — einen deutlichen schwarzen Punkt erkennen. Diese Punkte sind die Stigmen (Atemöffnungen), durch die das Tier atmet.

Wir haben beim genaueren Betrachten des Tierchens natürlich schon längst festgestellt, daß der Mehlwurm gar kein Wurm ist: einen gegliederten Körper und sechs Beine haben nur die Insekten! Unsere Mehlwürmer sind also Insektenlarven, und im Verlaufe der Aufzucht werden wir feststellen können, welche Vollkerfe aus diesen Larven hervorgehen.

Die Aufzucht soll nun beginnen, und darum setzen wir, nachdem wir die Lappen entfernt haben, in jedes unserer Gefäße 20 Larven auf die Oberfläche des Mehles. (Es dürfen natürlich auch einige Larven mehr oder weniger sein, nur müssen wir uns die genaue Zahl notieren!) Abzudeckeln brauchen wir die Gefäße nicht: die Larven (und auch später die Imagines) können an der glatten Glaswand nicht hochklettern und können daher nicht entkommen. Wir beobachten, wie die Larven in verhältnismäßig kurzer Zeit in das Mehl hineinkriechen und so von der Oberfläche verschwinden. Die Lappen werden nun schwach angefeuchtet (höchstens 10 Wassertropfen!) und auf das Mehl gelegt. Jedes Glas wird noch mit einer Nummer versehen (Etikett aufkleben!) und kommt dann an seinen Standort. Zwei der Gläser wollen wir in einem geheizten Raum aufstellen (im Sommer in einem Wohnraum), eines aber im Keller oder an einem anderen kühlen Ort.

Damit ist für den ersten Tag alles getan, und die Zuchten sollen nun für eine Woche sich selbst überlassen bleiben. Wer sehr wißbegierig ist, darf aber jeden Tag einmal den Lappen über dem Mehl aufheben und sich davon überzeugen, daß die Larven darunter wohlauf sind.

Nach Ablauf einer Woche — und ebenso in jeder folgenden Woche — sehen wir unsere Zuchtgefäße gründlich durch. Zu diesem Zweck breiten wir auf einem Tisch ein großes Blatt Zeitungspapier aus und schütten den ganzen Inhalt der Zuchtbehälter portionsweise durch ein Küchensieb. Im Sieb bleiben — zusammen mit den steinhart gewordenen Brotkrumen — die Mehlwürmer zurück. Die eine oder andere der Larven ist abgestorben und eingetrocknet. Außerdem finden wir leere Mehlwurmhäute, die uns zeigen, daß sich die Tiere in unserer Zucht gehäutet haben und gewachsen sind (10—14mal häutet sich eine Mehlwurmlarve im Laufe ihres Lebens). Vielleicht entdecken wir auch eine frischgehäutete Larve: sie sieht gelblichweiß aus, faßt sich weich an und ist mit Mehlstaub bepudert, während die älteren Larven glatt und hart sind.

Für jedes Zuchtgefäß wird nun ein Zuchtprotokoll angelegt. Wir tragen also z. B. ein:

„Glas 1 (Kellerraum): am 20. IX. 20 Mehlwürmer eingesetzt.
am 27. IX. Kontrolle: 19 Larven leben, 1 gestorben."

Die eingetrockneten Brotkrumen, die toten Larven und die leeren Häute werfen wir fort, krümeln eine neue Scheibe Vollkornbrot in das Mehl und füllen dann alles wieder in die Gefäße. Die überlebenden Larven werden zugesetzt und obenauf kommen wieder die Lappen. Aber nur in einem der beiden im warmen Raum untergebrachten Zuchten wollen wir den Lappen neu befeuchten (ebenso im Gefäß, das im kühlen Keller steht) — das zweite Gefäß im warmen Raum bekommt den Lappen trocken wieder hineingelegt.

Auf die gleiche Weise werden die Zuchten nun jede Woche kontrolliert und versorgt. Vielleicht schon in der ersten Woche, spätestens aber nach einem Monat, werden wir beim Durchsehen der Zuchten eine freudige Überraschung erleben: die ersten Larven haben sich verpuppt! (Ins Protokoll eintragen!)

Die 2 cm lange Puppe hat, von der gleichen Farbe abgesehen, kaum irgendwelche Ähnlichkeit mit der Larve. Der Körper ist kürzer, breiter und abgeplattet, und sie liegt unbeweglich auf dem Rücken. Nur der Hinterleib kann auf- und abgeschlagen werden, was die Puppe auch sofort tut, wenn wir sie berühren. Das Vorderende wird von dem buckligen Halsschild gebildet; darunter liegt — unbeweglich auf die Brust geschlagen — der Kopf, an dem wir zwei große Komplexaugen, lange vielgliedrige Fühler und die Mundwerkzeuge erkennen können. Die Brustsegmente tragen, gleichmäßig über die Bauchseite gefaltet und eingeschlagen, drei Beinpaare, und zwischen dem mittleren und dem hinteren Beinpaar liegen zwei spitz-dreieckige Platten (die „Flügelscheiden"). Die Hinterleibssegmente haben seitlich scharfkantige Auswüchse, und die Spitze des Hinterleibs trägt zwei gegliederte Fäden. Die Auswüchse und die Fäden, sogenannte „Puppenorgane", sind Gebilde, die nur im Puppenstadium vorkommen und für die späteren Vollkerfe ohne Bedeutung sind. Die übrigen Glieder aber stellen die Futterale dar, in denen im Verlauf der Puppenruhe die endgültigen Glieder der Vollkerfe heranreifen werden.

Wir können dieses Heranreifen auch von außen verfolgen, denn die Puppen werden im Laufe von ca. 14 Tagen bis drei Wochen immer dunkler und härter werden, während sich die imaginalen Organe in ihnen bilden.

Nun kann es nicht mehr lange dauern, bis wir in unser Zuchtprotokoll eintragen können: Die ersten Puppen sind geschlüpft! Wir werden auf den ersten Blick erkennen, was für ein Insekt es ist, das die enge Puppenhülle verlassen hat: ein K ä f e r. Auch diese Käfer sind kurz nach dem Schlüpfen noch weiß und weich. Bald aber — nach wenigen Stunden schon — färben sich Kopf und Halsschild rötlich, später folgen die Flügeldecken und nach einigen Tagen ist das ganze Tier gleichmäßig rotbraun, um dann immer weiter nachzudunkeln, bis der ganze Körper, die Beine, Fühler und Flügeldecken braun bis pechschwarz geworden sind. Welch schwierige Prozedur es für den noch weichen Jungkäfer ist, die Puppenhülle zu verlassen, werden wir daran merken, daß in unserer Zucht gewiß auch verkrüppelte Käfer auftreten, bei denen sich die Flügeldecken nicht richtig gestreckt haben oder der Hinterleib in der Puppenhülle stecken blieb, so daß die Flügeldecken nicht geschlossen werden können. Solche verkrüppelten Insekten findet man gelegentlich — wenn auch seltener als in Zuchten — auch in der freien Natur. Wir wissen jetzt, wenn wir einem solchen Krüppel begegnen, was ihm widerfahren ist: er wurde in der Puppenruhe gestört und konnte sich nur unvollständig zur Imago häuten.

Die Betreuung und Beobachtung unserer drei Zuchtgefäße wollen wir so lange fortsetzen, bis der letzte Käfer geschlüpft ist, und dabei nie vergessen, alle wichtigen Ereignisse im Zuchtprotokoll festzuhalten.

Für die Käfer aber müssen wir nun ein neues Gefäß einrichten, denn wir werden sonst erleben, daß sie im Mehlberg absterben oder sich in dem obenauf liegenden Lappen versammeln. Die Käfer — also die geschlechtsreifen Vollkerfe — sorgen in der Natur für die Ausbreitung der Art. Sie suchen Schlupfwinkel auf und geeignete Stellen, an denen sie ihre Eier ablegen können, und daher wollen wir sie in einen Behälter setzen, in dem sie ähnliche Verhältnisse wie in der Natur antreffen. Auch dazu soll uns ein Einmachglas dienen. Seinen Boden legen wir mit Fließpapier (Löschpapier) aus, auf das wir in einer Hälfte des Gefäßes eine fingerdicke Schicht feines Mehl streuen. Darüber kommen dann locker etwas altes dürres Laub, einige kleine Moosstückchen und trockene Äste, und das Ganze wird schließlich durch Übersprühen mit einigen Tropfen Wasser (nur nicht zuviel!) angefeuchtet.

In diesen Behälter kommen die ausgereiften Käfer. An dem ständigen Rascheln und Knistern der trockenen Blätter werden wir bald bemerken können, daß unsere Tiere in ihrem Auslauf unentwegt umherkriechen. Der Behälter soll ruhig für längere Zeit stehen bleiben, nur alle drei bis vier Tage wird mit einigen Wassertropfen nachgefeuchtet, und erst nach 8 bis 10 Tagen wird er ausgeräumt und untersucht. Wir werden dann die Freude haben, festzustellen, daß die Tiere ihre kleinen, kaum 1 mm langen, weißlichen Eier abgelegt haben. (Wenn wir keine Eier finden, warten wir geduldig weitere 8—14 Tage ab.)

Mit den Eiern hat sich der Kreis unserer ersten Zucht geschlossen: wir können sie wieder in ein Aufzuchtgefäß für Larven legen und so eine neue Mehlwurmgeneration heranwachsen lassen. Die winzigen Junglarven und auch die Eier selbst sind aber sehr empfindlich gegenüber der Feuchtigkeit. Das Zuchtgefäß darf nicht zu feucht und auch nicht zu trocken sein. Wie weit wir es anfeuchten, kommt auf die Temperatur des Raumes an — wir müssen es ausprobieren! Das geht am besten, wenn wir zunächst nur einzelne Eier in kleineren Gefäßen (Schälchen, Medizinröhrchen) ansetzen. Wenn wir alles richtig machen — die Erfahrung darin muß sich jeder selbst sammeln — haben wir eine Dauerzucht von Mehlwürmern, die wir viele Jahre hindurch halten können.

Auf keinen Fall aber sollten wir versäumen, die Ergebnisse unserer Zucht, die wir im Zuchtprotokoll niedergelegt haben, nun eingehend zu betrachten. Wir fassen dazu die Angaben jedes Protokolls in einer Liste zusammen, in der wir für jeden Beobachtungstag die Zahl der (lebenden und toten) Larven, Puppen und Käfer aufzeichnen.

Eine unserer drei Listen wird dann etwa so aussehen:

Gefäß 1 (warmer Raum, trocken)	23. 6.	30. 6.	7. 7.	14. 7.	21. 7.	30. 7.	6. 8.	20. 8.
Larven (lebend)	20	19	17	13	9	4	1	—
Larven (tot)	—	1	—	1	1	—	1	—
Puppen (lebend)	—	—	2	4	5	9	8	2
Puppen (tot)	—	—	—	1	2	1	2	1
Käfer (lebend)	—	—	—	—	—	—	1	6
Käfer (tot)	—	—	—	—	—	—	—	1
zusammen (lebend)	20	19	19	17	14	13	10	8
zusammen (tot)	—	1	—	2	3	1	3	2

Wir fertigen eine solche Liste für jedes unserer Gefäße an, also für Gefäß 1 (*warmer* Raum, *feuchter* Lappen), Gefäß 2 (*warmer* Raum, *trockener* Lappen) und Gefäß 3 (*kühler* Raum, *feuchter* Lappen).

Zum Abschluß unserer Zucht und Beobachtung des Mehlkäfers (*Tenebrio molitor* L.) wollen wir aus dem Vergleich der drei Protokoll-Listen und aus unserer Erfahrung während der Zucht die folgenden Fragen beantworten:

1. Unter welchen Umweltbedingungen leben die Mehlkäfer am besten, in warmer und feuchter, warmer und trockener oder in kühler Umgebung? (In welcher Zucht traten die geringsten Verluste auf?)
2. Welche Rolle spielt die Temperatur für das Wachstum der Mehlwürmer? (Haben sich die Larven im warmen oder im kalten Raum schneller verpuppt?)
3. Welches Entwicklungsstadium des Mehlkäfers ist am empfindlichsten? (Starben mehr Eier, mehr Larven oder mehr Puppen?)
4. Wo legen die Käfer ihre Eier ab?
5. Wieviel Prozent der Larven haben sich bis zum fertigen Käfer entwickelt? Wieviele Eier muß demnach ein Mehlkäferweibchen mindestens legen, damit die Art erhalten bleibt und nicht ausstirbt?

6. Wie lange lebt der Mehlkäfer als Larve, wie lange als Puppe und wie lange als Vollkerf? (Insgesamt ist es etwa ein Jahr!)

Wer am Ende seiner Mehlwurmzucht diese sechs Fragen beantwortet, der hat damit zugleich eine Menge über das Leben der Insekten gelernt. Wir wollen die Antwort auf diese Fragen hier im Buch nicht abdrucken, denn jeder, der diese Zuchten durchgeführt hat, wird sie mit viel größerer Freude allein finden können. Auch Abbildungen von Larven, Puppen und Käfern sind mit voller Absicht hier nicht wiedergegeben — wer dies Buch nur durchlesen will, dem werden sie doch nicht im Gedächtnis bleiben, wer aber die Zuchten ausgeführt hat, dem werden diese Tiere in allen ihren Entwicklungsstadien bald schon so vertraut sein, daß es keines Bildes mehr bedarf.

Die Taufliege

Nach dem Mehlkäfer wollen wir uns einem Insekt zuwenden, dessen Aufzucht vom Ei bis zum Vollkerf bei warmem Wetter in einigen Tagen vollendet ist.

Als Zuchtmaterial benötigen wir die sogenannten Tau- oder Essigfliegen der Gattung Drosophila, die in Abb. 31 dargestellt ist. Wir ködern uns diese Fliegen, indem wir (am besten im Hochsommer oder im Herbst) etwas überreifes, verdorbenes Obst in einem Teller ans offene Fenster stellen. Wenn wir einen Weinkeller im Hause oder in der Nachbarschaft haben, können wir unseren Obstteller auch dort mit Aussicht auf Erfolg aussetzen. Schon nach wenigen Stunden werden wir an dem Köder die kleinen, nur etwa 3 mm langen Taufliegen bemerken, die sich in eigenartig schwebendem Fluge nähern und dann plötzlich auf das Obst fallen lassen. Hier legen sie an einer geschützten Stelle einen kleinen Haufen weiß-gelblicher Eier ab, die wir vorsichtig mit einem Teil der Unterlage abschneiden und aufnehmen können. (Gelingt das Ködern nicht, so können wir Taufliegenlarven beim Aquarienhändler kaufen: sie sind gelegentlich als Fischfutter im Handel.) Wenn aber wirklich alle Versuche, an Taufliegen zu kommen, vergeblich sind, müssen wir unsere Zucht mit einer anderen Fliegenart durchführen. Die große blaue Schmeißfliege (der „Brummer“) läßt sich mit einem Stück frischen Fleisches anlocken und wird dort bereits nach kurzer Zeit ihre Eier ablegen. (Die Aufzucht der Larven müßte in dem sich langsam zersetzenden und faulenden Fleisch fortgesetzt werden — das Zuchtgefäß muß also wegen des üblen Geruches fest verschließbar sein.) Unsere gemeine Stubenfliege zu fangen, ist sicher nirgends ein Problem. Zur Eiablage und Aufzucht der Larven brauchen wir Pferdemist, den man in ein verschließbares Glas füllt. (Auch in einem Brei aus Quark, mit wenig Hefe vermischt, gelingt die Aufzucht der Stubenfliege.)

Als Zuchtgefäß ist jedes kleinere Glasgefäß mit nicht zu engem Hals geeignet. Ein Einmachglas wäre zu groß, aber kleine, weithalsige Milchflaschen, Honiggläser, Salbentöpfe oder 2—3 cm weite Glasröhrchen sind durchaus geeignet, und selbst ein sauber ausgewaschenes Tintenfaß wird für unsere Zucht genügen.

Abb. 31. Taufliege Das Weibchen von *Drosophila melanogaster*

Wir werden eine ganze Reihe solcher Zuchtgefäße benötigen. Dann geht es an die Vorbereitung der Nahrung. Genau wie bei den Mehlwürmern haben wir es auch bei diesen Fliegenlarven mit Insekten zu tun, die nur einfach in einen Nahrungsberg hineingesetzt werden und sich dann dort bis zu ihrer Verwandlung aufhalten. Allerdings sind unsere Taufliegen etwas anspruchsvoller und begnügen sich nicht mit Mehl. Wir müssen zu ihrer Ernährung schon etwas tiefer in die Speisekammer greifen.

In das erste Zuchtgefäß füllen wir etwa einen Eierbecher voll Grießbrei. Es soll guter, dicker Brei sein, der, wenn er kalt ist, zu einer steifen Masse erstarrt, denn in einem dünnen Grießsüppchen würden die Larven ertrinken. Das zweite Glas wird mit zwei oder drei Eßlöffeln Haferschleim gefüllt — auch er muß beim Erkalten steif werden. (Grießbrei und Haferschleim dürfen keinen Zucker enthalten. Statt dessen aber wollen wir einen Tropfen in Wasser gelöster Bäckerhefe hinzufügen — das ist die beste Vitaminnahrung für unsere Larven.) In das dritte Glas kommt ein Viertel von einer überreifen Banane und in ein weiteres Gefäß dickes, schwarzes Pflaumenmus. Das fünfte Glas schließlich füllen wir mit einem Gemisch aller bisher verwandten Nahrungsmittel — wiederum nicht mehr als der Inhalt eines Eierbechers ausmacht. Wenn wir genug Zuchtgefäße und ausreichende Mengen von Taufliegeneiern haben, wollen wir für jede Nahrungssorte gleich zwei Gläser vorbereiten.

In jedes Gefäß kommt nun auf die Oberfläche des Nahrungsbreis ein Eigelege der Taufliege, das wir vorsichtig vom Köderteller abgehoben haben. Die Gefäße werden dann mit einem dicken Wattebausch verschlossen, und damit ist unsere Arbeit an der Aufzucht der Fliegen getan. Wir haben jetzt nur noch einen geeigneten Standort für unsere Gläser zu suchen und wollen — ähnlich wie bei der Mehlwurmzucht — die eine Hälfte unserer Zuchtbehälter an einem warmen Ort aufstellen, die andere Hälfte im Keller oder einem anderen kühlen und schattigen Raum.

Von dem, was sich nun in den nächsten Tagen in den Gläsern abspielt, werden wir zunächst wenig sehen können: aus den Eiern schlüpfen die winzigen Larven und verschwinden im Nahrungsbrei. Nach 8 bis 14 Tagen aber werden wir die nun schon erwachsenen Larven kennen lernen: sie verlassen ihren Nahrungsvorrat und kriechen an den Wänden des Glases empor. Jetzt können wir sie mit einer Lupe durch die Glaswand hindurch bequem betrachten.

Sie besitzen einen weißen, wurmartigen Körper ohne Beine — es sind also „Maden", wie man solche fußlosen Insektenlarven nennt. Die Ringelung des Körpers ist das einzige, was uns bei diesen Würmchen an Insekten erinnert. Selbst ein richtiger Kopf fehlt den Maden; an dem etwas stärker zugespitzten Vorderende können wir nur einen dunklen Chitinstift erkennen, der ausgestreckt oder auch ins Innere der Körpersegmente zurückgezogen werden kann. Er enthält die verkümmerten Mundteile, das einzige, was vom Kopf bei diesen Insekten übrig geblieben ist. (Sehr ähnlich, nur größer, sind die Maden der gemeinen Stubenfliege.)

Bald stellen die Maden ihr Herumwandern auf den Glasflächen ein und verpuppen sich. Selbst wenn wir diesen Vorgang mit der Lupe verfolgen, werden wir dabei keine abgestreifte Larvenhaut bemerken, aus der die Puppe hervorkäme. Die P u p p e , die sich langsam braun färbt, sieht überhaupt nicht wie eine normale Insektenpuppe aus, sondern eher wie eine eingeschrumpfte und vertrocknete Larve. Und beinahe könnte man sagen: sie ist auch nur eine eingetrocknete Larve! Wenn in der Taufliegenmade (dies gilt für alle echten Fliegen) die Puppe herangereift ist, so häutet sie sich sozusagen „nach innen". Sie bleibt in der letzten Madenhaut verborgen, und diese trocknet ein und wird zu einer festen Chitinkapsel, in der die Puppe geschützt liegt. Man nennt diese eigenartigen Gebilde „Tönnchenpuppen". Daß sie tatsächlich aus der verhärteten Larvenhaut entstehen, können wir daran sehen, daß sich auf dem Tönnchen die Segmente des Larvenkörpers als Nähte erkennen lassen. (Tönnchenpuppen der Stubenfliege zeigen denselben Bau.)

Nach einigen Tagen — die genaue Zahl wollen wir selbst feststellen und in unser Zuchtprotokoll eintragen — platzt ein deckelförmiges Stück an einem Ende des Tönnchens auf, und die fertige Taufliege kriecht aus der Hülle hervor. In wenigen Stunden ist sie ausgefärbt und verhärtet, die Flügel sind geglättet und erstarrt — unsere Aufzucht ist beendet.

Wir werden erstaunt sein, wie schnell sich diese ganze Entwicklung vom Ei bis zum fertigen Tier vollzogen hat. Aber den Rekord hält wohl doch unter allen einheimischen Insekten unsere gemeine Stubenfliege *Musca domestica*, für die uns in unserer Zucht die einfacher zu haltende Taufliege als Ersatz diente. Bei günstigen Wetterbedingungen schlüpfen aus den frisch abgelegten Eiern der Stubenfliege schon nach einem Tage die Maden, und diese sind nach drei Tagen erwachsen. Drei Tage dauert dann — immer unter günstigsten Bedingungen — die Puppenruhe und es schlüpfen die Fliegen, die nach weiteren drei Tagen bereits wieder Eier ablegen. Und zwar bis zu 2000 Stück! Solche günstigen Bedingungen wird die Stubenfliege nur selten antreffen, aber immerhin bringt sie es bei uns in Deutschland bis auf 8 Generationen im Jahr — in den Tropen wohl gar bis auf 20.

Ohne Schwierigkeiten können wir die Zucht der *Drosophila* (Taufliege) nun von neuem beginnen. Wir brauchen dazu nur einige der frisch geschlüpften Fliegen in ein neuvorbereitetes Zuchtglas zu setzen (auf die Nahrung wird dabei ein Stück Löschpapier gelegt, damit sich die Tiere nicht Beine und Flügel verkleben und zugrunde gehen), und schon nach zwei oder drei Tagen werden sie ihre Eier ablegen, und es beginnt der Entwicklungsgang der neuen Generation. (Damit wir die Fliegen leichter in das neue Zuchtgefäß überführen können, können wir sie mit etwas Äther betäuben. Der Äther wird auf den das Gefäß verschließenden Wattebausch aufgetropft. Sobald sich die Taufliegen nicht mehr bewegen, müssen sie herausgenommen werden, da sie durch zu lange Einwirkung der Ätherdämpfe getötet würden. Zum Übertragen der betäubten Fliegen kann man einen angefeuchteten Aquarellpinsel verwenden.)

Die Aufzucht der Taufliegen ist so bequem durchzuführen und die Generationen folgen einander so schnell (in Brutschränken bei 30° Wärme schon im Abstand von 8 Tagen!), daß wir nun verstehen können, weshalb unsere

Drosophila-Fliegen ein so beliebtes und gründlich untersuchtes Versuchstier der Vererbungsforschung sind. Den größten Teil dessen, was die Wissenschaft heute über die Gesetze der Vererbung weiß, verdankt sie den Beobachtungen an der *Drosophila*, und Hunderttausende dieser Fliegen werden alljährlich in den Vererbungsinstituten und Laboratorien der Welt gezüchtet, gezählt und analysiert. Sogar einen Nobelpreis haben sie einem der berühmtesten Vererbungsforscher eingetragen.

Zum Abschluß unserer Zucht sehen wir unsere Zuchtprotokolle an und versuchen, mit ihrer Hilfe eine Antwort auf die folgenden Fragen zu finden:

1. Welche Art Nahrung ist für die Taufliegenlarven geeignet? Was wird in der freien Natur ihre Nahrung sein? (Sicher doch die, deren Geruch die Weibchen zur Eiablage von weither anlockt!)
2. Welchen Einfluß hatte die Temperatur des Zuchtgefäßes auf die Entwicklung der Larven?
3. Wie lange dauert die Entwicklung vom Ablegen der Eier bis zum Schlüpfen der Imagines? Welche ökologische Bedeutung hat es wohl für die Taufliege (ebenso die Stubenfliege s. S. 58), daß sie sich so schnell entwickeln kann, warum kann sie sich nicht so lange Zeit lassen wie z. B. der Mehlkäfer? (s. Frage 1!!)
4. Wieviele Nachkommen würde ein Taufliegenweibchen im Laufe eines Jahres — etwa — haben, wenn sich die Entwicklung stets so schnell wie in unseren Zuchtgefäßen vollzöge, wenn stets genügend Nahrung vorhanden wäre und wenn kein weiblicher Nachkomme vor der Eiablage vernichtet würde?

Die Zahl, die wir als Antwort auf die letzte Frage errechnen, ist riesig. Wenn es jemals einem Fliegenweibchen gelänge, sich tatsächlich derartig zu vermehren, so müßte es überall von Taufliegen nur so wimmeln, und im darauffolgenden Jahre wäre vermutlich für die Menschen kein Platz mehr auf der Erde. In Wirklichkeit aber wissen wir, daß Taufliegen gar nicht häufig sind — wenn wir sie nicht mit Obst geködert hätten, hätten wir wohl nicht eine einzige gesehen.

Wir können daraus entnehmen, wie entscheidend Klimafaktoren, z. B. die Temperatur (s. Frage 2), Nahrungsfragen (s. Frage 1) und biotische Faktoren (nämlich die Feinde der Fliegen: das Heer der Vögel und räuberischen Insekten) die Bevölkerungszahl dieser Tierart beeinflussen. Erst wenn man sich einmal ausgerechnet hat, wie groß die theoretische Vermehrungszahl mancher Insekten ist, versteht man, wie fein ausgeglichen die Wechselwirkung fördernder und hemmender Einflüsse in den natürlichen Lebensbereichen sein muß, damit alle die zahllosen Arten dieser Lebensräume seit Jahrtausenden bis heute aus annähernd gleicher Menge von Einzelindividuen bestehen und sich halten konnten.

Das Tagpfauenauge

Wir haben bei den vorangegangenen Zuchten, die weder besonderer Gefäße noch schwer zu beschaffender Nahrung bedurften, bereits so viel Erfahrungen gesammelt, daß wir uns an eine etwas schwierigere Aufgabe heranwagen wollen: die Aufzucht eines Schmetterlings.

Als Zuchtmaterial brauchen wir Raupen (Larven) des Tagpfauenauges, die wir uns in der Natur draußen suchen müssen. Wir entdecken sie an einer Pflanze, die jeder kennt und die man wohl ohne Schwierigkeit am Rande jedes Dorfes und jeder Stadt in großen Mengen finden wird; an der Brennessel. Suchen wir also während des Sommers (Mai bis August) einige Brennesselstauden gründlich ab; es wäre schon ein ungewöhnlicher Zufall, wenn wir dabei nicht bald auf eine Gesellschaft der gesuchten Raupen stoßen würden. Es sind bis fast 4 cm lange, samtschwarze und fein weiß gepunktete Tiere mit auffallenden verzweigten schwarzen Haaren am Körper (s. Abb. 32).

Wenn wir wirklich (auch nach mehrmaligem Suchen!) keine solchen Raupen finden, so müssen wir unsere Zucht mit anderen Schmetterlingsraupen

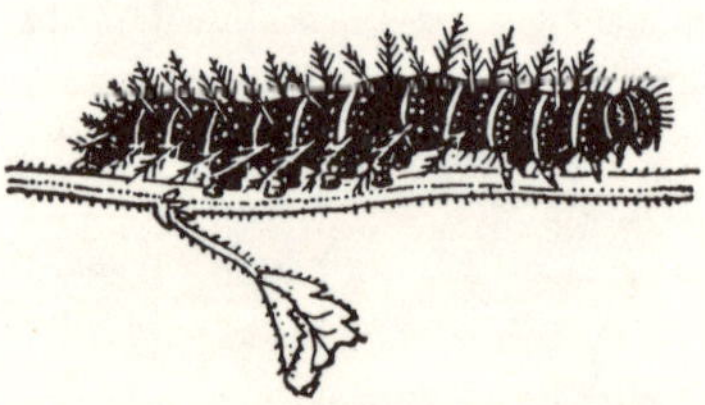

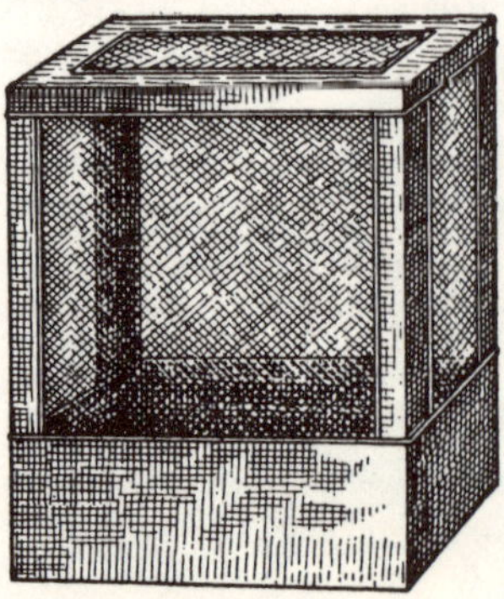

Abb. 32. (oben). Erwachsene Raupe des Tagpfauenauges *Inacbys io*

Abb. 33 (rechts). Zuchtgefäß für Schmetterlingsraupen

durchführen. Die Zuchtanweisungen sollen dann auch für diese gelten, wobei aber als Futterpflanze natürlich die verwendet wird, an der wir unsere Raupen fanden.

Das Zuchtgefäß, der Aufenthaltsraum für die Raupen, wird uns auch bei dieser Zucht keine großen Schwierigkeiten machen: es soll geräumig sein, man muß mit der Hand gut hineingreifen können, und — da wir ja beobachten wollen — es muß durchsichtig sein. Im einfachsten Falle wird daher wiederum ein großes Einmachglas genügen, allerdings brauchen wir diesmal einen luftdurchlässigen Verschluß: ein Stück Verbandmull, ein Strumpf oder Fliegengaze muß als Deckel über dem Gefäß befestigt werden. Wer gut basteln kann, der sollte sich allerdings für die Schmetterlingszucht einen der schönen und bequemen Raupenkästen aus Holz und Fliegengaze bauen, wie er in Abb. 33 dargestellt ist. (Der Deckel oder eine Seitenwand muß abnehmbar sein!) In dies Zuchtgefäß kommt nun ein Brennesselbusch. Wenn das Gefäß groß genug ist, stellen wir die Brennessel in eine kleine Vase mit Wasser, damit sie frisch bleibt. Wenn es aber nicht gelingen will, weil unser Gefäß zu klein ist, können wir die Brennessel auch einfach so hineintun. (Die Pflanze muß in diesem Fall aber täglich erneuert werden, auch wenn die jungen Raupen sie noch nicht völlig abgefressen haben.)

Vor dem Einsetzen in den Zuchtkasten wollen wir eine der Raupen etwas genauer betrachten. Am Kopf ist — wie bei allen Schmetterlingsraupen (s. Abb. 34) — aus zwei hartschaligen, glänzenden Halbkugeln eine Schädelkapsel ausgebildet. Die Mittelnaht, welche die Halbkugeln trennt, gabelt sich vorne und umschließt die Stirnplatte und den Kopfschild (Clypeus), vor welchem noch zwei weitere Plättchen liegen: der „Anteclypeus" und die Oberlippe. Daneben sehen wir die Mundteile, nämlich die Beißzangen (Mandibeln) und Unterkiefer (Maxillen) sowie die Fühler. Die Unterlippe (Maxille 2) ist vorstreckbar und trägt an ihrer Spitze das Spinnorgan, aus

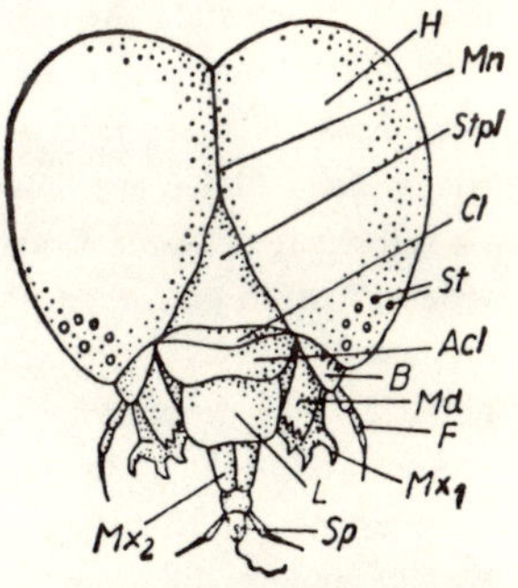

Abb. 34. Kopf einer Schmetterlingsraupe *H* Halbkugel (Hemisphäre), *Mn* Mittelnaht, *Stpl* Stirnplatte, *Cl* Kopfschild (Clypeus), *St* Punktaugen (Stemmata), *Acl* Anteclypeus, *Md* Mandibeln, *B* Basalstück, *F* Fühler, *L* Labrum (Oberlippe), *Mx 1* Unterkiefer, *Mx 2* Unterlippe, *Sp* Spinnorgan

dem die Seidenflüssigkeit austritt, die zu feinen Gespinstfäden erstarren kann. Dicht über der Fühlerwurzel sehen wir an den Halbkugeln einige kleine Pünktchen: die Punktaugen oder Stemmata.

An den Kopf schließen sich die Segmente des Raupenkörpers, von denen die ersten drei — die Brustringe — je ein Beinpaar besitzen. Der Hinterleib wird aus acht Ringen gebildet, die an jeder Seite eine Atemöffnung (ein Stigma) tragen, und vom sogenannten Analsegment abgeschlossen, welches aus drei Körperringen zusammengewachsen ist. Am 3. bis 6. Hinterleibssegment sitzen je ein Paar „Bauchfüße" — typische Larvenorgane, die den langgestreckten Hinterleib der Raupe tragen helfen und dem Vollkerf fehlen. Auch das letzte Segment trägt solche Füßchen, die „Nachschieber". (Nicht alle Schmetterlingsraupen haben Bauchfüße und Nachschieber, aber bei sehr vielen Arten sind sie gleich oder ähnlich ausgebildet.)

Nun soll die Zucht beginnen! Die Raupen werden auf die Pflanze gesetzt und mit dieser zusammen im Aufzuchtgefäß untergebracht. Selbstverständlich legen wir uns zugleich wieder ein Zuchtprotokoll an, in dem wir Zahl der Raupen und Datum des Zuchtbeginns eintragen.

Im Gefäß werden wir während des Tages beobachten können, wie die Raupen fast ununterbrochen fressen und den stattlichen Brennesselbusch schon nach einigen Stunden in ein trauriges Gerippe verwandeln. Wir müssen daher stets für neue Nahrung sorgen, indem wir alle zwei Tage oder sogar täglich (je nach der Zahl unserer Raupen und ihrer Freßlust) neue Futterpflanzen ins Gefäß bringen. Dabei lassen wir den Raupen entweder Zeit, alleine auf eine frische Pflanze überzusteigen, oder wir setzen sie selbst auf das neue Kraut. Die übrig gebliebenen Strünke der abgefressenen Pflanzen entfernen wir aus dem Gefäß, ebenso von Zeit zu Zeit die kleinen grünen Kotballen, deren erstaunliche Menge uns zeigt, welch gesegneten Appetit unsere Pfleglinge entwickeln.

Auch bei dieser Zucht soll ein kleiner ökologischer Versuch unsere Kenntnisse erweitern. Dazu wollen wir zusammen mit den Brennesseln kleine Zweige anderer Pflanzen in das Zuchtgefäß stellen und beobachten, welche dieser anderen Pflanzen von unseren Raupen als Nahrung angenommen werden. (Zweige von Bäumen, Kräuter aller Art und auch Gräser wollen wir auf diese Weise durchprobieren und dabei — wenn es möglich ist — auch den bitteren Hopfen nicht vergessen!)

Und noch etwas wollen wir tun: bevor wir unsere Brennessel ins Gefäß bringen, messen wir ihr Gewicht mit einer Briefwaage (notfalls Küchenwaage). Wenn wir dann am anderen Tage die kläglichen Reste der Pflanze entfernen, so stellen wir wiederum ihr Gewicht fest. Der Gewichtsunterschied dieser beiden Messungen ist die Menge der von den Raupen gefressenen Blätter. (Allerdings muß die Brennessel im Zuchtgefäß im Wasser stehen, sonst messen wir zugleich den Wasserverlust der welkenden Pflanze, der uns hier aber nicht interessiert. Haben wir die Futterpflanze ohne Vase im Zuchtgefäß, so wollen wir immer nur den halben Gewichtsverlust als Fraßleistung ansehen und die andere Hälfte dem Wasserverlust zuschreiben.) Unser Zuchtprotokoll wird nun etwa so aussehen:

15. 7. Im Gefäß sind 39 Raupen. Neues Futter (Brennessel, 123 g) und ein Haselnußzweig eingebracht. Die Brennessel vom 14. 7. (110 g) ist abgefressen und wiegt jetzt 82 g. Der Holunderzweig vom Vortag ist nicht angefressen worden.
39 Raupen haben also 110 – 82 = 28 g Brennesselblätter gefressen. Jede Raupe im Durchschnitt 28 : 39 = 0,72 g.

16. 7. Eine Raupe gestorben. Im Gefäß sind noch 38 Raupen. Neue Brennessel (117 g) und ein Hopfenzweig eingebracht. Die Brennessel vom 15. 7. (123 g) ist abgefressen und wiegt jetzt 100 g. Der Haselnußzweig ist nicht angefressen worden.
38 Raupen haben 123 – 100 = 23 g Brennesselblätter gefressen, jede Raupe also im Durchschnitt 23 : 3 = 0,61 g.

Für einige Wochen haben wir auf diese Weise mit der Raupenzucht unsere tägliche Arbeit. Wenn die Tiere dann schließlich bis auf 4 cm herangewachsen sind (wenn wir die Raupen bereits sehr groß einsammeln, kann das auch schon nach wenigen Tagen der Fall sein), ist die meiste Arbeit für den Pfleger und Schmetterlingszüchter getan. Wir werden es daran bemerken, daß die täglichen Freßleistungen erheblich sinken und daß unsere Tiere nun nicht mehr ruhig fressend auf den Pflanzen sitzen, sondern unruhig im Behälter umherkriechen und schließlich (meistens!) ihre Wanderung am Deckel beenden. Hier fertigen sie ein kleines Gespinst an, nur ein etwa linsengroßes, lockeres Polster, in dem sie sich mit ihren Nachschiebern verankern und dann kopfüber in den freien Raum herabhängen lassen. Andere Raupen hängen sich in gleicher Weise an Ästen und Stielen der Futterpflanze auf; wir dürfen sie dabei nicht stören und müssen deshalb diese Strünke nun im Gefäß belassen. Neue Nahrung brauchen jetzt nur noch die Nachzügler; bald werden auch sie hängen, wir können die Brennnesselsuche endgültig einstellen und brauchen nur noch zu beobachten, was in unserem Raupenkäfig vor sich geht.

Sicher wird es uns gelingen, bei der einen oder anderen der steif herabhängenden Raupen mitzuerleben, wie nach heftig windenden und drehenden Bewegungen die samtschwarze Larvenhaut in der Rückengegend aufplatzt und sich langsam die lebhaft hellgrüne Puppe aus der Hülle drängt. Bald ist die Larvenhaut zu einem winzigen, unansehnlichen Rest zusammengedorrt und wir haben die Schmetterlingspuppe vor uns, in der sich nun in den folgenden Tagen das Wunder der Entwicklung eines Falters vollzieht. Die Puppe hat nicht die geringste Ähnlichkeit mit der Raupe — und auch vom späteren Falter lassen sich kaum Andeutungen bemerken. Wenn wir aber ganz genau hinsehen, werden wir doch erkennen, daß auf der Oberfläche des Puppenkörpers wie in einem feinen Relief Beine, Fühler und Flügelscheiden sich abheben. Sie liegen ganz eng und unbeweglich am Körper und sind längst nicht so deutlich erkennbar wie bei der Mehlkäferpuppe. Man nennt daher die Schmetterlingspuppe auch „Mumienpuppe" (Pupa obtecta), wogegen der Mehlkäfer eine typische „freie" Puppe (Pupa libera) besitzt.

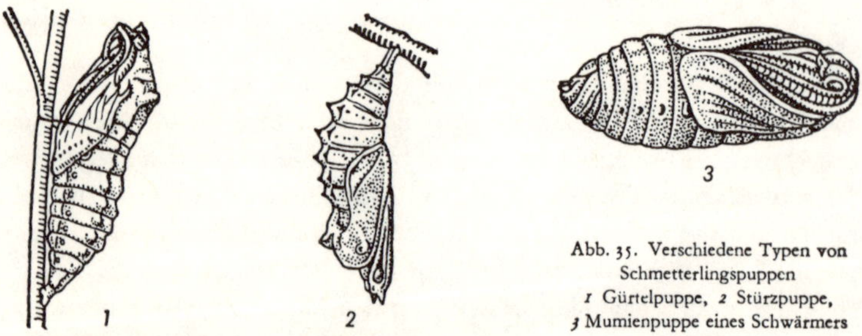

Abb. 35. Verschiedene Typen von Schmetterlingspuppen
1 Gürtelpuppe, 2 Stürzpuppe, 3 Mumienpuppe eines Schwärmers

Bei den Mumienpuppen der Tagschmetterlinge unterscheidet man nach ihrer Lage zwei verschiedene Formen (s. Abb. 35/1, 2). Die „Gürtelpuppen" hängen aufrecht an Ästen oder senkrechten Flächen, festgehalten von einem Seidenfaden, den die Raupe gürtelartig um sich gelegt hat. „Stürzpuppen" dagegen hängen mit dem Kopf nach unten an ihrer Hinterleibsspitze von waagrechten Flächen herab. In anderen Schmetterlingsfamilien liegt die Puppe entweder in der Erde (z. B. Schwärmer s. Abb. 35/3), oder sie ruht in einem Kokon, den die Larve vorher gesponnen hat (z. B. beim Seidenspinner). Zu welchem Typ gehört unser Tagpfauenauge?

Etwa drei Wochen lang müssen wir uns gedulden, denn so lange brauchen die Körperzellen dieser Insekten, ehe sie sich im Schutze der Puppenhülle zu neuen Organen zusammengefunden haben. In dieser Zeit gibt es nichts zu tun für uns als täglich nachzusehen, ob schon etwas „passiert" ist.

Und dann kommt der Tag, an dem wir morgens beim ersten Blick auf unsere Zucht sehen, daß „es" passiert ist: der erste Falter ist geschlüpft! Ist es nicht erstaunlich, wie groß — verglichen mit der Puppe — die fast schwarzen, gezackten Flügel sind, wie lang der zarte schwarze Leib und die Fühler? Wenn der Falter dann plötzlich die Flügel herunterklappt, werden wir fast einen kleinen Schreck bekommen: leuchtende Farben, ein sattes Rostrot mit tiefdunklen Flecken, und darin die schönen blau-bunten Augenflecken (s. Abb. 27/7), nach denen dieser Ritter seinen Namen hat! (Ein ähnlicher Schreck kann wohl einem Vogel in die Glieder fahren, der eben einen solchen schwarzen Falter fressen will und sich nun plötzlich von den leuchtenden „Augen" angeblickt fühlt. So könnte man sich den „Zweck" dieser Augenflecken erklären, aber so einleuchtend dies ist: wir wollen nicht vergessen, daß andere Schmetterlingsarten ohne Augenflecken auch leben, ohne von den Vögeln ausgerottet zu werden. Wir wollen uns daher hüten, der „zweckmäßige Meier" zu sein, den Hermann Löns so sehr verspottet.)

Nicht alle unsere Puppen werden einen solchen bunten Falter ergeben. Einige haben sich schon nach wenigen Tagen dunkel gefärbt und sind jetzt tiefschwarz und weich. Sie sind abgestorben; Pilze oder eine Krankheit haben ihrem Leben vorzeitig ein Ende gemacht. Andere Puppen werden vielleicht eine ganz besondere Überraschung für uns bereit halten: aus ihnen schlüpft nicht ein Falter, sondern eine Anzahl Schlupfwespen (s. Abb. 36) oder Raupenfliegen, welche als heimliche Parasiten die Zeit des Larvenwachstums und der Puppenruhe benutzten, um den wehrlosen Körper ihrer „Wirtstiere" von innen auszufressen und sich dann selbst zu verpuppen. Die Verpuppung dieser Parasiten geschieht entweder im Inneren der Falterpuppe oder dicht neben ihr. Manche Arten von Raupenfliegen lassen sich aber an einem feinen weißen Faden von der Puppe herab und verpuppen sich selbst dann am Boden unseres Zuchtgefäßes.

Aus allen gesunden Puppen aber werden innerhalb weniger Tage die Falter schlüpfen. Wir werden sehen können, wie die jungen Vollkerfe zunächst noch mit weichem, dickem Körper und kleinen lappenartigen Flügelstummeln auf der Puppenhülle sitzen und wie die Flügel sich dann — wobei der Falter eifrig „pumpt" — aufrichten und erstarren, während auch der übrige Körper seine endgültige Form annimmt. Sollte einer der frisch geschlüpften, noch weichen und erschöpften Falter dabei herabfallen, so ist er verloren, wenn wir ihn nicht vorsichtig aufnehmen und an einen Ast oder an den Deckel setzen (die Flügel müssen in den ersten Minuten frei herabhängen, sonst erstarren sie, ohne sich richtig entfaltet zu haben).

Den fertigen Schmetterlingen geben wir die Freiheit wieder. Eier würden sie in unserem Behälter doch nicht so bald ablegen, denn damit haben sie bis zum nächsten Frühjahr — nach der Überwinterung — Zeit. Wir stellen das geöffnete Zuchtgefäß ans offene Fenster und sehen zu, wie die schönen bunten Falter nach einigem Zögern und aufgeregtem Fühlerzittern davonfliegen. Leben wir aber mitten in der Großstadt, so müssen wir den Faltern den Weg in die Freiheit etwas erleichtern. Wir setzen sie in eine Pappschachtel und öffnen diese am Stadtrand, wo die Tiere nach einigen Minuten fortflattern werden.

Damit ist unsere Zucht des Tagpfauenauges (*Inachys io* L.) erfolgreich beendet, unser Protokoll soll uns aber zum Abschluß noch Antwort auf eine Reihe von Fragen geben:

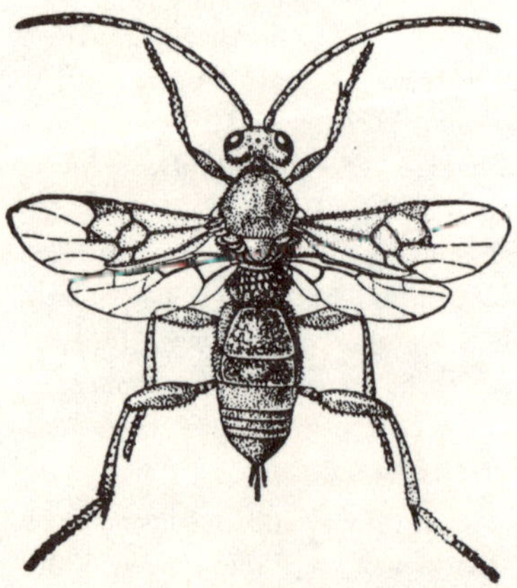

Abb. 36. Parasitische Brackwespe
Schlupfwespenverwandte *Microgaster glabratus*, eine der Arten, die gelegentlich in Schmetterlingszuchten auftreten

1. Welche Pflanze außer der Brennnessel wird von den Raupen als Nahrung angenommen? Ist die Bindung dieser Insektenart an eine Nährpflanzenart also eng oder weit?
2. Wieviel Gramm Brennessel frißt eine Raupe (ungefähr!) im Laufe ihrer Entwicklung? Wievielen Brennesselstauden entspricht dieses Gewicht? Ist die Schmetterlingsraupe ein guter Futterverwerter? Vgl. ihre Fraßleistung mit der täglichen Nahrungsaufnahme eines Menschen (Nahrungsgewicht in Prozent des Körpergewichts).

3. Welches Entwicklungsstadium des Tagpfauenauges ist das gefährdetste — was waren in unserer Zucht die Ursachen des vorzeitigen Todes?
4. Wie lange lebt das Tagpfauenauge als Larve, wie lange als Puppe und wie lange als Vollkerf? (Im ganzen ein Jahr!)

Unsere Zuchttiere waren typische Pflanzenfresser; ähnlich wie bei ihnen verläuft das Leben bei den meisten Schmetterlingen — auch bei vielen bekannten „Schädlingen" (Kohlweißling, Nonne u. a.). Wir verstehen jetzt, da wir die Fraßleistungen dieser Insekten kennengelernt haben, den großen Schaden, den sie in Gärten und Wäldern (überall dort, wo der Mensch ihre Futterpflanzen in riesigen Reinkulturen anbaut) anrichten können. Wir können jetzt aber auch verstehen, warum es zu solchem Massenschaden in der freien Natur nur höchst selten kommt: wenn dort eine große Schar Schmetterlingsraupen einen Pflanzenbestand gelichtet und zum großen Teil abgefressen hat, so werden die anschließend schlüpfenden Falter nur noch wenige Futterpflanzen für ihre Nachkommenschaft vorfinden und deshalb ihre Eier notgedrungen viel zu dicht ablegen. So machen sich die Raupen der nächsten Generation scharfe Konkurrenz um das Futter und werden größtenteils verhungern. Außerdem haben sich im „guten" Raupenjahr auch die Parasiten (Schlupfwespen und Raupenfliegen) enorm vermehren können, und ihr verstärkter Angriff trifft nun die neue Raupengeneration. So tritt sehr bald ein deutlicher „Massenwechsel" ein, und die Art, die in einem Jahre häufig war, ist nach wenigen Generationen an der gleichen Stelle „selten", um sich erst langsam wieder zu erholen. Nahrungskonkurrenz und die natürlichen Feinde (z. B. Parasiten) sorgen also für ein natürliches „Bevölkerungsgleichgewicht" — sie verhindern, daß eine Art, welche häufig geworden ist, noch häufiger wird —, und das heißt letzten Endes: die größten Feinde im Kampf ums Dasein sind für jede Art (denken wir hier auch an unsere Betrachtung über die Taufliegen auf S. 58 f.) die eigenen Artgenossen.

Die Libelle

Wir haben bisher drei Insektenarten gezüchtet, die dem Lebensraum des Landes und der Luft angehörten. Daher soll uns jetzt ein Vertreter der Wasserinsekten beschäftigen, damit wir auch die besonderen Lebensbedingungen dieser Tiere etwas näher kennen lernen.

Mit der Einrichtung des Zuchtgefäßes soll diesmal unsere Vorbereitung beginnen. Dabei kommen wir mit unserem bewährten Einmachglas nur im äußersten Notfall aus. Es wäre schon bedeutend vorteilhafter, wenn wir ein richtiges Glasaquarium zur Verfügung hätten. Es braucht nicht groß zu sein, 25—30 cm Seitenlänge reichen völlig aus. Sicherlich läßt sich irgendwo ein ehemaliges Zierfischbecken oder ein unbenutztes Akkumulatorenglas auftreiben.

Dieses Aquarium muß „eingerichtet" werden, denn unsere zukünftigen Pfleglinge sind etwas anspruchsvoller als die Insekten, welche wir bisher gezüchtet haben. Vor allem muß dafür gesorgt sein, daß das Wasser im Becken stets rein und klar ist, und das erreicht man am leichtesten, wenn man im Zuchtbehälter einen natürlichen Teichabschnitt nachahmt, in welchem sich das Wasser dann durch die Tätigkeit der Mikroorganismen selbst reinigt. Dazu sind vor allem Wasserpflanzen nötig. Wir gehen also genau so vor, wie es die Aquarianer beim Einrichten ihrer Zierfischbecken tun. Zuunterst in das sauber ausgewaschene Gefäß kommt eine dünne (etwa 1 cm hohe) Schicht Gartenerde, darauf etwa 2 cm hoch feiner, ausgewaschener Sand oder möglichst feinkörniger Kies. In diesen Untergrund pflanzen wir nun einige Wasserpflanzen, am besten die unverwüstliche „Wasserpest", die wir, wenn wir keinen natürlichen Standort der Pflanze kennen, in jeder Aquarienhandlung billig kaufen können. Darauf wird das Becken vorsichtig — möglichst ohne den Sand oder gar die darunter liegende Gartenerde aufzuwirbeln — mit Leitungswasser bis etwa 10 cm unter den oberen Rand aufgefüllt. Das Wasser wird sich dabei trotz aller Vorsicht ein wenig trüben, aber diese Trübung verschwindet nach ein bis zwei Tagen. So lange nämlich, am besten aber eine ganze Woche lang, soll unser Aquarium ruhig stehen bleiben, damit die Pflanzen anwachsen können und durch ihre Assimilationstätigkeit das Wasser frisch und sauerstoffreich machen. Wenn wir auch noch ein paar Wasserflöhe und etwas Teichwasser zusetzen, so wird sich nach dieser Zeit im Becken ein natürlicher, ausgeglichener Lebensraum gebildet haben, was wir am besten daran erkennen, daß das Wasser kristallklar wird. Unser Aquarium soll genau so sauber und gepflegt aussehen, wie ein erstklassiges Zierfischbecken — aber Fische wollen wir natürlich nicht hineinsetzen, denn es soll ja für eine Insektenzucht bereit stehen. Diese kann nun etwa nach einer Woche beginnen.

Als Zuchtmaterial sollen uns dabei Libellenlarven dienen. Um sie zu fangen, müssen wir einen Ausflug zu einem benachbarten Gewässer machen. Große Seen oder Bäche sind für unsere Jagd nicht geeignet, dafür aber ein kleiner Teich, wie er sich in der Umgebung jedes Wohnortes finden läßt (Dorfteich, Karpfenteich, Feuerlöschteich, ein kleiner Tümpel in Wiese oder Wald oder notfalls auch ein ruhig fließender Wiesengraben oder ein Fluß).

Zunächst müssen wir uns ein Wassernetz (einen „Ketscher") beschaffen oder selbst basteln. Eine kopfgroße Schlinge aus steifem Draht an der Spitze eines Stockes befestigt und mit einem Stoffsack aus grobem, wasserdurchlässigem Leinen oder noch besser aus grober Müllergaze bespannt, wird uns ausreichende Dienste tun. Mit dem Ketscher, einem verschraubbaren Marmeladenglas und einer Emailleschüssel bzw. einem flachen, weißen Teller ausgerüstet, suchen wir an einem Frühlings- oder Sommertag unser Jagdgebiet auf und beginnen dort zu „fischen". Dazu führen wir den Ketscher unter Wasser langsam am Ufer zwischen Schilf und Wasserpflanzen entlang und vielleicht einen Meter weit durch einen Teppich von Wasserlinsen hindurch. Den Inhalt des Ketschers schütten wir dann in unseren Teller oder die Emailleschüssel, worauf wir unsere Beute betrachten können. Wenn der Teich nicht durch Abwässer völlig verseucht ist — was leider vorkommt —, und wenn wir ein wenig Jagdglück haben, werden wir staunen, welche Menge von kribbelndem, springendem und kriechendem Getier unser Ketscher erfaßt hat. In diesem Schnecken- und Insektengewimmel suchen wir nun nach Libellenlarven, die wir ganz sicher in einigen Vertretern vorfinden werden. Die Abb. 37 zeigt zwei solcher Tiere; wir werden danach die Libellenlarven in unserer Ausbeute schnell erkennen können. (Im Teich sind vor allem Großlibellen-Larven zu finden. Wenn wir dagegen am Flußufer sammeln, so werden wir auf große Mengen von Kleinlibellen-Larven stoßen.)

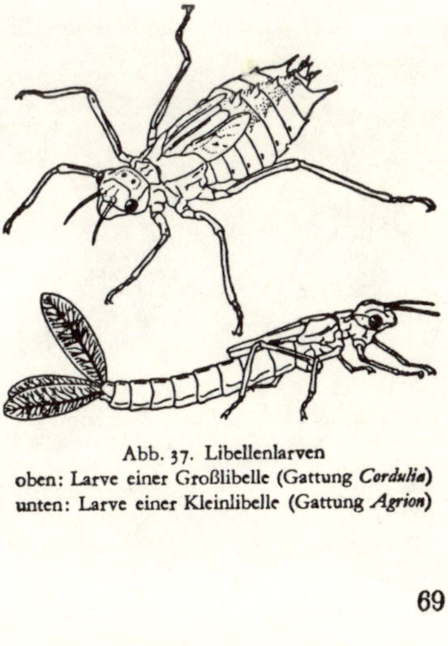

Abb. 37. Libellenlarven
oben: Larve einer Großlibelle (Gattung *Cordulia*)
unten: Larve einer Kleinlibelle (Gattung *Agrion*)

Etwa ein halbes Dutzend solcher Larven — und zwar die größten, die wir finden können — setzen wir in das Marmeladenglas, das zu etwa einem Drittel mit Wasser gefüllt wird, und tragen dann unser Zuchtmaterial nach Hause.

Die Libellen werden dort in das vorbereitete Aquarium gesetzt, wo wir beobachten, wie sie langsam am Boden oder an den Pflanzenstengeln umherklettern, meist aber ziemlich unbewegt und „harmlos" still sitzen. Wenn aber ein Wasserfloh oder ein anderes kleines Lebewesen sich ihnen bis auf ein oder zwei Zentimeter nähert, fährt plötzlich Leben in unsere Libellenlarven. Sie drehen ihren dreieckigen Kopf mit den großen Augen dem Tierchen entgegen, und plötzlich — ehe man sich dessen versieht — schnellt etwas unter ihrem Kopfe hervor, und im nächsten Moment schon zappelt das Beutetier hilflos und wie angenagelt vor den Mundteilen des Räubers. Wie ist das zugegangen?

Die Libellenlarven fangen ihre Beute nach einem Prinzip, das auch der Frosch und das Chamäleon in ähnlicher Weise anwenden. Diese klappen plötzlich ihre Zunge heraus, kleben Fliegen oder andere Kleintiere auf diese Weise fest und führen sie in den Mund. Unsere Larven aber, die ja wie alle Insekten keine echte Zunge haben, tragen unter dem Kopf — in Ruhelage eingeklappt und kaum sichtbar — die sogenannte „Fangmaske". Die unteren Mundteile sind zu einem langen, ausklappbaren Fangwerkzeug verschmolzen, das an seinem Vorderende zwei einschlagbare Haken trägt. Bis zu 2 cm weit kann diese Fangmaske vorgeschleudert werden; die Haken schlagen in den Körper des Beutetieres und halten es fest. Wird die Maske dann wieder eingeklappt, so führt sie die Beute direkt vor den Mund und seine Beißzangen, und hier wird das Opfer nun zernagt und gefressen.

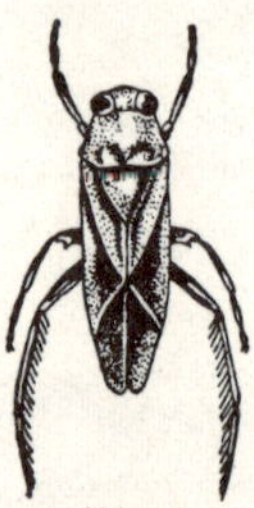

Abb. 38
Rückenschwimmer
Der gemeine Rükkenschwimmer (*Notonecta glauca*), eine räuberische Wasserwanze

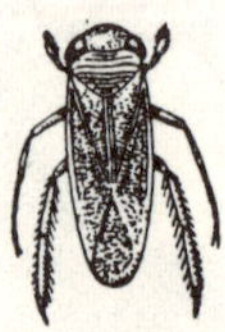

Abb. 39
Ruderwanze
Die Wasserzikade (*Sigara hieroglyphica*), eine algenfressende Wasserwanze

Auf diese Art werden unsere Libellenlarven sehr bald die Wasserflöhe im Becken vernichtet haben. Wir müssen deshalb für neues Futter sorgen, denn unsere Pfleglinge sind so gefräßig, daß sie sich gegenseitig anfallen würden, wenn nicht ausreichend Nahrung vorhanden wäre.

Als **Futtertiere** können wir weiterhin Wasserflöhe einsetzen oder kleine Insekten aus dem Teich, in dem wir die Libellen fingen. Dabei müssen wir uns aber vor den großen Rückenschwimmern (s. Abb. 38) hüten: sie dürfen nicht ins Becken, denn sie sind selbst gefährliche Räuber und würden die Libellenlarven angreifen. Von den kleineren Ruderwanzen (s. Abb. 39) dagegen dürfen wir ruhig einige in unser Becken setzen. Unsere Larven sind im Futter nicht wählerisch. Das können wir leicht erfahren, wenn wir andere Tiere (z. B. Kaulquappen) ins Aquarium setzen. Ja, wir können sogar mit Mehlwürmern, Regenwürmern oder Stubenfliegen füttern. Wir nehmen dazu eine Stubenfliege, ein anderes Insekt oder einfach ein Stück Fleisch und halten es mit einer Pinzette in kurzer Entfernung vor die Larven: sie werden gierig danach schnappen, vor allem, wenn sie sich nach einigen Tagen an diese Fütterungsweise gewöhnt haben. Nach jeder Fütterung sollen alle zu Boden gesunkenen Nahrungsreste und abgestorbenen Beutetiere aus dem Becken entfernt werden, damit sie nicht in Fäulnis übergehen und das Wasser verpesten.

Bald werden wir feststellen können, daß die eine oder andere Larve eine „Freßpause" von ein oder zwei Tagen einlegt. Solche Tiere stehen kurz vor einer Häutung. Diese Häutung selbst werden wir nur in Ausnahmefällen beobachten können (sie geht meist nachts vor sich); die frisch gehäutete, hellgrüne und noch weiche Larve wird uns aber sofort auffallen, und ebenso werden wir die abgeworfene alte Hülle des Tieres nicht übersehen können.

Deutlicher als die Insekten in unseren bisherigen Zuchten zeigen uns die Libellen, daß bei einer solchen Häutung die Larve vollständig aus dem alten Hautpanzer heraussteigt. Wenn wir die abgeworfene Haut, die ihre Form behält, neben das geschlüpfte Tier halten, sehen wir auch, daß mit jeder Häutung ein erhebliches Wachstum verbunden ist. Außerdem können wir feststellen, daß die Flügelscheiden, welche auf dem Rücken größerer Larven stets deutlich sichtbar sind, nach jedem Häutungsschritt länger geworden sind. Bei älteren Larven sind sie bis zu 1 cm lang. Larven mit sichtbaren Flügelanlagen haben wir in unseren bisherigen Zuchten niemals beobachten können; nur die Puppen zeigten solche Flügelscheiden. Die Libellen sind eine Insektenordnung mit unvollkommener Verwandlung. Es fehlt ihnen ein ruhendes Puppenstadium, und die Flügel und anderen Organe des Vollkerfes bilden sich in allmählichen Schritten im Laufe der Larvenhäutungen aus. Aus dem letzten Larvenstadium wird also sofort das fertige Geschlechtstier schlüpfen. Dieses aber ist ein Lufttier, und so müssen wir, wenn der Zeitpunkt der letzten Häutung gekommen ist, Vorsorge treffen, daß unseren Larven der Übergang aus dem Wasser in die Luft erleichtert wird. Wir stellen deshalb — spätestens wenn die ersten Larven anfangen, sich ständig an der Wasseroberfläche aufzuhalten und versuchen, das Gefäß zu verlassen, einige Schilfstengel oder Äste senkrecht in das Aquarium, und zwar so, daß sie mindestens 10 cm weit aus dem Wasser herausragen. An diesen Stützen werden die Nymphen aus dem Wasser steigen. Dies geschieht aber nicht plötzlich, sondern die Umstellung von der Atmung im Wasser zur Luftatmung wird ganz systematisch und langsam durchgeführt. Wir werden selbst sehen, wie die Nymphen dies anstellen — es sei nur darauf hingewiesen, daß die Larven im Wasser mit Atemöffnungen in der Brust und im Hinterleib atmen, außerhalb des Wassers aber nur noch mit der Brust.

Ist die Nymphe in einiger Höhe oberhalb des Wasserspiegels am Schilfstengel oder Ast angelangt, so legt sie vor dem eigentlichen Schlüpfakt eine etwa halbstündige Pause ein. Dieser beginnt dann wie meist bei Insekten mit dem Aufplatzen der Haut in der Nackengegend und verläuft in einer Reihe von Stadien, die für alle Libellen sehr charakteristisch sind und die wir daher genau beobachten und in unserem Zuchtprotokoll festhalten wollen.

Sind die Libellen geschlüpft und sind ihre Körper und Flügel erhärtet, so geben wir ihnen die Freiheit, denn es wird uns nicht gelingen, sie im Aquarium länger zu halten oder sie gar bis zur Eiablage zu bringen. Am Ende unserer Zucht sind dann alle die räuberischen Larven aus dem Becken verschwunden und zurückgeblieben sind als Spur von ihnen nur die leeren Larvenhäute, die — trocken und raschelnd wie ein dürres Blatt — auf den Schilfstengeln über dem Wasserspiegel hängen, in der Beinstellung und Körperhaltung, die die Nymphe in der letzten Minute vor ihrer Verwandlung eingenommen hatte. Auch am Teich, in dem wir die Larven gefangen hatten, werden wir diese leeren Nymphenhäute jetzt überall an den Schilfstengeln sitzen sehen.

Während unsere Libellen in schnellem und geschicktem Fluge am Rande der Gewässer ihr Räuberleben in der Luft fortsetzen, wollen wir unser

Zuchtprotokoll noch einmal durchlesen und uns Antwort geben auf folgende Fragen:

1. Was haben die Libellenlarven gefressen? Sind ihre Ansprüche an Nahrung also eng oder weit?
2. Wie oft haben sie sich während unserer Zucht gehäutet, wie oft wohl etwa während ihres ganzen Larvenlebens (1 Jahr)?
3. Gibt es bei ihnen typische „Larvenorgane", welche die ausgewachsenen Tiere (die Imagines) nicht mehr besitzen?
4. Wie gewöhnen sie sich an den Übergang von der Atmung im Wasser zur Luftatmung?
5. Wie verläuft die Häutung der Nymphe zur Imago?

Mit den Libellenlarven haben wir typische Raubinsekten des Wassers kennengelernt. Wir haben gesehen, welche erstaunlichen Mengen von Kleintieren des Wassers — Würmer, Wasserflöhe und vor allem Insektenlarven — eine einzige Libelle im Verlaufe ihres Larvenlebens vernichtet. Für zahlreiche andere Insektenarten des Wassers ist sie also der „natürliche Feind", so wie die fertig entwickelte Libelle für die fliegenden Insekten der Luft und des Landes.

Welche wichtige Aufgabe die natürlichen Feinde für das Bevölkerungsgleichgewicht einer Art haben, hatte uns schon die Überlegung nach Abschluß der vorangegangenen Schmetterlingszucht gezeigt (s. S. 67). Bei Wasserinsekten gibt es fast keine Parasiten nach Art der Schlupfwespen und Raupenfliegen. So verstehen wir jetzt vielleicht die wichtige Rolle, die die gefräßigen, räuberischen Libellenlarven in ihrem Lebensraum spielen. Ausrotten werden sie ihre Beutetiere dabei niemals, denn daß die Konkurrenz der eigenen Artgenossen der größte Feind ist, gilt für Libellen wie für die Pflanzenfresser: vernichten sie zu viele ihrer Beutetiere, so werden sich von diesen nur wenige fortpflanzen können, und die Libellengeneration des nächsten Jahres muß Hunger leiden. Und da sich die Libellen obendrein, wenn sie hungern müssen, sogar als Kannibalen an ihren Artgenossen vergreifen, wird ihre Zahl schon bald wieder so verringert, daß die Beutetiere außer Gefahr sind und sich wieder stärker vermehren können: das Gleichgewicht bleibt erhalten.

5

WIR BEOBACHTEN INSEKTEN

Nachdem das vorige Kapitel uns mit dem Lebensablauf einiger leicht züchtbarer Insekten vertraut gemacht hat, haben wir nun genug Erfahrungen und Erkenntnisse gesammelt, um uns an eine andere Aufgabe zu wagen: an das Beobachten von Insekten in ihrem Lebensraum. Wir werden dabei viele bemerkenswerte Einzelheiten — besonders Brutpflege und Brutfürsorge — aus dem Leben einzelner Arten kennenlernen und außerdem einen Eindruck von dem Leben dieser Tiere in der Gemeinschaft eines Lebensraumes gewinnen, von den Besonderheiten dieser Lebensräume und von den Anpassungen, mit denen die Insekten für den Daseinskampf in ihnen ausgestattet sind.

Die Biotope, an welchen wir unsere Beobachtungen ausführen, werden nicht immer ohne Schwierigkeiten aufzufinden sein. Aber auch ein Leser dieses Buches, der in der Großstadt lebt und in seiner unmittelbaren Umgebung keine Möglichkeiten für solche Beobachtungen hat, wird bei einem Ausflug oder in den Ferien Gelegenheit finden, an einem Fleckchen unberührter Natur auf die Lebensräume zu stoßen, mit deren Beobachtung sich die folgenden Seiten beschäftigen.

Der Baumstumpf

Wenn wir einen Spaziergang auf einen stillen Waldweg verlegen, so werden wir schon bald auf einen verwitterten, moosüberwucherten Baumstumpf treffen, vielleicht sogar auf einen ganzen Stamm, der, vom Winde oder vom Blitz gefällt, niedergebrochen ist und nun zwischen dem Farnkraut und Gras liegt und langsam zerfällt.

An einer solchen Stelle wollen wir unsere Beobachtung des Insektenlebens beginnen. Am besten ist der Buchenstumpf geeignet, denn seine Lebewelt ist besonders vielfältig. (Wenn aber kein Buchenwald in der Nähe ist, so müssen wir uns mit einem Kiefern- oder Fichtenstumpf begnügen.) Wir suchen einen Stumpf aus, der schon einige Jahre lang der Verwitterung ausgesetzt ist, was wir daran erkennen, daß die Rinde sich leicht vom Stamm lösen läßt und daß das Holz im Inneren unter der meist harten und trockenen Oberfläche weiß und bröckelig ist. Unsere Aufgabe ist es, festzustellen, welche Insekten ihren Lebensraum in einem solchen absterbenden Stumpf haben. Zu diesem Zweck können wir auf ganz verschiedene Weise vorgehen.

Die gründlichste Methode wäre es, wenn wir um den Baumstumpf herum einen Käfig mit Fliegengaze (ähnlich dem Raupenkäfig der Abb. 33) aufstellen würden, um dann in regelmäßigen Abständen alles abzulesen, was an Insekten im Inneren des Behälters auftritt. Aber dies wird sich meist nur schwer durchführen lassen, denn wir brauchen dazu einen stillen Waldbezirk, in dem niemand unsere Beobachtungen stört und unseren Käfig umwirft — und das ist nur selten möglich.

So wollen wir uns mit einer einfacheren Methode begnügen, indem wir den Stamm zerlegen. Wir lösen zunächst mit einem Messer oder Beil die Rinde vom Stamm. Als erstes werden uns winzige, flügellose, weiße oder graue Insekten auffallen, welche, wenn wir uns ihnen nähern, wie Flöhe davonhüpfen und daher nur schwer greifbar sind. Es sind dies die Urinsekten der Ordnung Springschwänze (s. S. 20). Weiterhin aber werden wir zwischen Rinde und Holz vor allem bemerken: Käfer, Larven verschiedener Art und Insektenpuppen, welche in kleinen Puppenkammern liegen, die wir durch das Abheben der Rinde geöffnet haben. (Wir kennen aus unseren früheren Zuchten freie Puppen, Mumienpuppen und Tönnchenpuppen — jede dieser Formen ist im Buchenholz vertreten.) Diese Puppen entfernen wir mit einer Pinzette vorsichtig aus ihren „Wiegen" und nehmen sie in einer Schachtel auf etwas Moos oder Sägespänen nach Hause mit. Dunkel gefärbte Puppen — die also schon kurz vorm Schlüpfen stehen — eignen sich besonders gut, wir geben ihnen daher vor den helleren den Vorzug.

Abb. 40. Holzwespe
Der Hautflügler *Sirex gigas* mit dem typischen, kreisrunden Flugloch

In unser bewährtes Einmachglas oder einfach in einen tiefen Teller füllen wir Sägespäne und drücken diese an, damit sie eine feste Oberfläche bilden. Mit einem Bleistift oder mit dem Finger drücken wir dann flache Vertiefungen in die Sägemehlschicht — je nach der Größe der Puppen — und

Abb. 41. Blausieb
Der Schmetterling *Zeuzera pyrina* aus der Familie der Holzbohrer

legen diese hinein, so daß sie in künstlichen Puppenwiegen ruhen. Der Behälter wird mit Gaze verschlossen und noch etwas Papier darüber gelegt, damit es nicht zu hell ist im „Puppenkäfig". Wir brauchen nun nur noch abzuwarten, um schon nach wenigen Tagen oder Wochen nicht nur die fertigen Insekten vorzufinden, sondern wahrscheinlich auch in einigen Fällen selbst beobachten zu können, wie sie aus ihrer Hülle schlüpfen. Wichtig ist hier wie bei jeder Puppenzucht (s. Mehlkäfer S. 53) der richtige Grad von Feuchtigkeit im Behälter. Wir müssen deshalb das Sägemehl immer so weit befeuchten, daß es nicht trockener wird als die Schicht zwischen Stamm und Rinde am Baumstumpf, an dem wir unsere Puppen fingen.

Der Buchenstamm im Walde zeigt aber nicht nur unter der Rinde Insektenleben, sondern auch im Inneren des Holzes. Auch dies wollen wir daher durchsuchen und die Puppen so behandeln wie die der Rindenschicht.

Puppen werden wir allerdings im Holz wie unter der Rinde nicht so zahlreich finden wie L a r v e n. Darum müssen wir uns vor allem auch dieser Larven annehmen. Schon bald beim Zerlegen und Durchmustern des Holzmulms im Innern des Stumpfes wird uns auffallen, welche der verschiedenartigen gelblich-weißen, fettig glänzenden Larven besonders häufig sind. Besonders an diesen — wenn wir wollen aber natürlich auch an den selteneren — wollen wir nun unsere Züchtungskunst versuchen.

Wir nehmen größere Stücke des zerfallenden Holzes, in denen sich die Larven in ihren Bohrlöchern befinden (z. B. die des Mulmbockes), in unserer Schachtel mit, dazu möglichst viel mürben Holzmulm aus dem Stumpf. Zu Hause stellen wir die Holzstückchen samt Larven in ein entsprechend großes Glas und füllen dann sorgfältig mit Holzmulm und Sägemehl auf, bis wir zuletzt das Ganze wieder vorsichtig festdrücken. Der richtige Feuchtigkeitsgrad ist auch hier wieder von ausschlaggebender Bedeutung. Es hängt von unserer Geschicklichkeit ab, ob wir ihn richtig treffen. Ein Zuviel wird uns Schimmel und andere Pilze in die Zucht bringen und alles Insektenleben töten, ein Zuwenig läßt unsere Larven eintrocknen.

Was machen wir nun mit den Fliegen, Käfern, Hautflüglern usw., die unsere Zucht ergibt? Für den, der Insekten auch sammeln und bestimmen will, ist die Antwort klar: er wird sie in seine Sammlung einfügen und mit einem geeigneten Bestimmungsbuch ihren wissenschaftlichen Namen feststellen. Wenn wir uns aber keine Sammlung anlegen wollen, so werden wir die einzelnen Formen zumindest genau betrachten und ihr Aussehen in unserem Protokollheft festhalten. (Eine Zeichnung sollte unbedingt versucht werden, auch wenn man kein Zeichenkünstler ist!) Einige typische Vertreter der Baumstumpffauna zeigen die Abb. 40—43. Wenn das geschehen ist, können wir den Tieren die Freiheit wiedergeben. Im Wald, an anderen Baumstümpfen, wollen wir versuchen, diese Arten wieder zu finden.

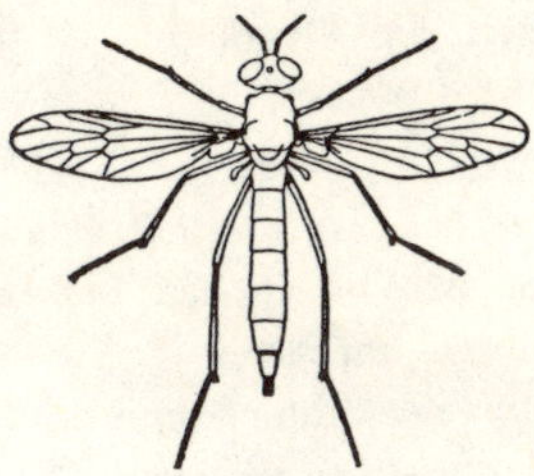

Abb. 42. Holzfliege
Fliege der Gattung *Erinna*, deren Larve im Mulm von holzbohrenden Insekten lebt

Überhaupt ist das Beobachten im Walde nicht damit beendet, daß wir einen Baumstumpf wie vorhin geschildert zerlegen und seine Bewohner mit nach Hause nehmen. Immer wieder wollen wir weitere Baumstümpfe untersuchen. Sind die gleichen Larven und Vollkerfe daran, oder treffen wir andere? Ist unser Blick für das Leben der Insekten erst einmal geweckt, so werden wir, auch wenn wir eine ganze Stunde lang einen solchen moosüberwachsenen Stamm durchmustern, stets Neues und Interessantes finden. Wir wissen, daß die vielen Insekten, die in einem Stamm wohnen, im lebenden Baum nicht anzutreffen sind. Wie sind sie also in den Stumpf gekommen? Wir werden dies mit ein wenig Geduld — die immer nötig ist, wenn man der Natur etwas ablauschen will — leicht beobachten können: Brummend kommt ein Käfer angeflogen und landet auf unserem Baumstumpf, läuft mit zitternden Fühlern darauf umher und zwängt sich schließlich zwischen Rinde und Holz ins Innere. Ist es einer von denen, die wir bereits aus der Puppe gezüchtet haben?

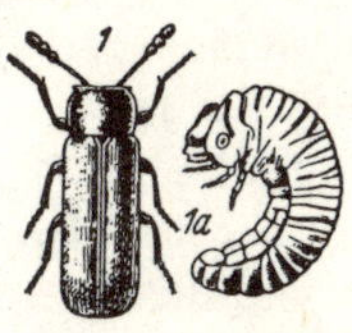

Abb. 43. Kapuzinerkäfer
Der Holzbohrkäfer *Bostrychus capucinus*. *1* Käfer, *1a* Larve

Eine der erstaunlichsten Beobachtungen aber kann uns gelingen, wenn wir das Glück haben, eine große Schlupfwespe bei der Eiablage zu überraschen (z. B. *Ephialtes*). Wahrscheinlich werden wir in einigen Fällen bei unserer Zucht der Holzpuppen solche Schlupfwespen erhalten haben, genau so wie schon früher (S. 65) bei der Schmetterlingszucht. Wie stellen es diese Tiere an, ihre Eier an die fetten Larven zu legen, die doch im Inneren des Holzes, 1 oder 2 cm unter der Oberfläche, so gut geschützt ihre Gänge bohren?

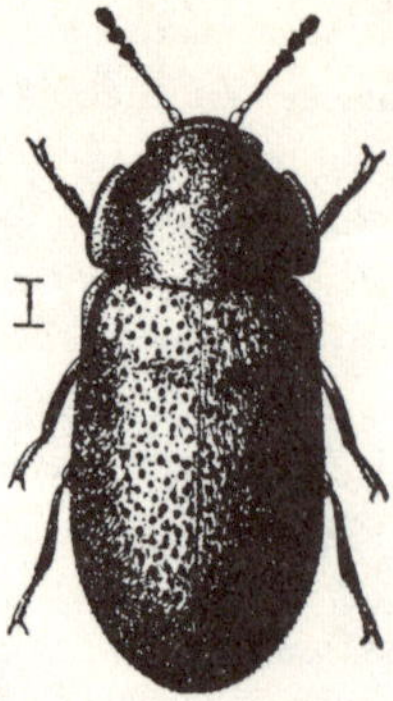

Abb. 44. *Cis boleti* aus der Käferfamilie der Schwammfresser

Sie tragen einen „Legebohrer", der bis zu 2 cm lang ist, und mit dem sie durch das Holz hindurch bis in den Larvengang ihrer Opfer bohren, um diesen ein Ei anzuheften, aus dem dann eine Schlupfwespe schlüpft und ihren „Wirt" aussaugt. Ob das Weibchen, welches mit seinem Legebohrer tief im Holz sein Opfer trifft, dieses mit den langen Fühlern riecht oder die feinen Erschütterungen wahrnimmt, die die Larve beim Fressen verursacht, ist eines der vielen ungelösten Rätsel der Insektenkunde.

Und noch zu einer ganz anderen Beobachtung sollte unsere Beschäftigung mit dem Buchenstumpf führen: zum Erkennen der S u k z e s s i o n innerhalb des Biotopes, von der bereits früher (s. S. 42) die Rede war. Ein Buchenstumpf (Ähnliches gilt für die Stümpfe anderer Bäume, nur sind dort die genauen Verhältnisse noch nicht genügend erforscht) zeigt etwa 10 Jahre lang Insektenleben. Danach ist er soweit zerfallen, daß er praktisch aufgehört hat zu existieren. Im Laufe dieses Verfallprozesses siedeln sich nacheinander verschiedene Tierarten in ihm an, so daß man mit Hilfe der aufgefundenen Bewohner auf das Alter des Stumpfes schließen kann.

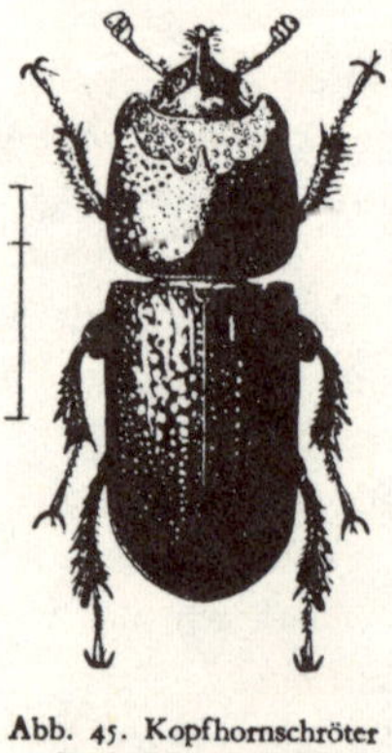

Abb. 45. Kopfhornschröter *Sinodendron cylindricum*, Familie der Hirschkäfer

Im 3. bis 5. Jahr nach dem Entstehen des Stumpfes hat das Holz die richtige Zusammensetzung z. B. für einen kleinen Käfer, den Schwammfresser *Cis boleti* Scop., den die Abb. 44 zeigt. (Der Strich links neben dem Tier gibt die natürliche Größe an.)

Vom 5. bis 8. Jahr des Verfalls findet sich im Holze des Buchenstumpfes der Kopfhornschröter (*Sinodendron cylindricum* L.), ein naher Verwandter des Hirschkäfers (s. Abb. 45; links neben dem Tier die Größe des kleineren Männchens und des größeren Weibchens).

Vom 7. Jahr des Zerfalls an bis zu dessen Ende im 9. oder 10. Jahr finden wir schließlich den Sägebock, einen der größten einheimischen Bockkäfer, den die Abb. 46 zeigt.

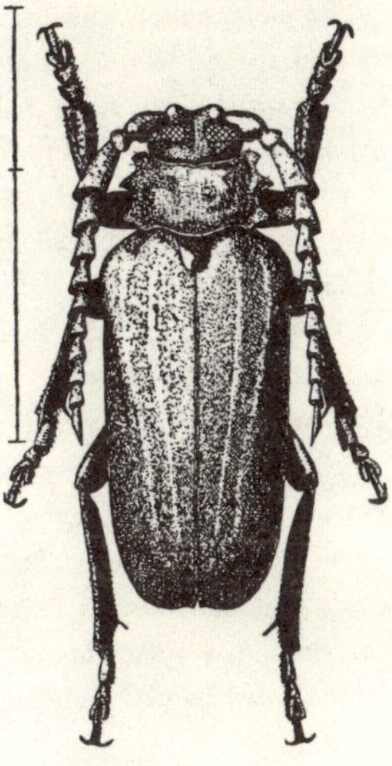

Abb. 46. Sägebock
Prionus coriarius, Familie der Bockkäfer

Wenn eine dieser Käferarten in unserer Zucht oder beim Untersuchen eines Baumstumpfes aufgetreten ist, so können wir jetzt (etwa!) angeben, wie alt dieser war. Natürlich gibt es noch weitere in Sukzession auftretende Insekten im Buchenstumpf und selbstverständlich stimmt die Dauer ihres Aufenthaltes nicht in jeder Gegend und nicht an jedem Standort exakt überein — aber eine erste Vorstellung von der Nachfolge der einzelnen Arten können uns schon diese wenigen Beispiele von auffallenden Käfern vermitteln.

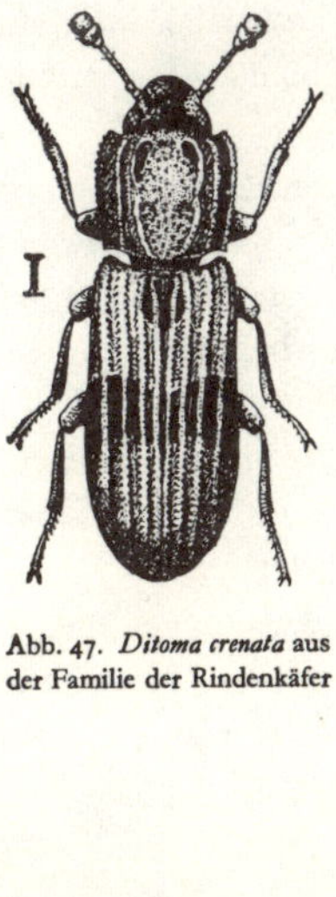

Abb. 47. *Ditoma crenata* aus der Familie der Rindenkäfer

Andere Insektenarten leben während der ganzen Zerfallszeit im Buchenstumpf. Wir treffen sie daher sowohl in ganz frischen Stümpfen wie in weitgehend zerfallenen des 9. oder 10. Jahres. Ein Beispiel dafür ist der zierliche kleine Rindenkäfer *Ditoma crenata* F. (Abb. 47), ein dunkelbraun bis schwarz gefärbtes Tierchen mit auffallendem rotem Querband in der Mitte der furchig gestreiften Flügeldecken.

Damit sind einige erste Hinweise gegeben auf das, was an unserem Buchenstumpf aus dem Leben der Insekten zu beobachten ist. Wer bei dieser Gelegenheit mit ihnen in freier Natur vertraut geworden ist, der wird schon bald auf weitere interessante Fragen stoßen, denen er nachgehen kann, und er wird sicher noch manches beobachten und entdecken, was hier nicht erwähnt worden ist. Denn wenn man erst einmal angefangen hat, ein Stück der lebenden Natur liebevoll und gründlich zu untersuchen, so schließt sich eine Frage an die andere, und es ist kein Ende abzusehen. Sicher ist es nicht übertrieben zu sagen, daß die exakte und eingehende Beobachtung eines Naturausschnittes, wie hier des Insektenlebens an abgestorbenen Baumstümpfen, einen Entomologen das ganze Leben lang beschäftigen könnte. Er wird nicht nur immer neue, ihm bisher unbekannte Zusammenhänge entdecken, sondern zweifellos auch Tatsachen finden, die für die ganze Naturforschung neu sind.

Wenn der Abschnitt „Baumstumpf" dieses Buches dem Leser zur Anwendung und Erweiterung seiner Zuchterfahrungen verholfen und ihm zugleich mit dem Anwachsen seiner Formenkenntnis einen ersten Eindruck von der Vielfalt des Insektenlebens gebracht hat, so hat er seinen Zweck erfüllt.

Der Kuhdung

Unsere nächste Beobachtung soll uns auf eine Rinderweide führen. Die Kotfladen der Kühe, die wir dort in jeder gewünschten Menge vorfinden, sind zwar nicht sehr appetitlich, aber jeder Naturfreund wird wohl die kleine Überwindung, die es kosten mag, sich mit ihnen näher zu beschäftigen, auf sich nehmen, wenn er weiß, daß er dadurch Einblick in die Lebensstätte einer vielfältigen Insektenwelt erhält.

Vom ersten warmen Vorfrühlingsmorgen bis zum letzten sonnigen Herbstabend werden wir auf dieser Weide an den Kuhfladen ein reiches Insektenleben vorfinden. Eine der ersten Arten, die man bereits an Märztagen auf dem Wege zum Beobachtungsplatz im warmen Sonnenschein fliegen sieht, ist der kleine, etwa 1 cm lange rote Dungkäfer *Aphodius fimetarius* L. (s. Abb. 48/1). Mit seinem dunklen Körper, dem lackschwarzen Halsschild mit gelben Vorderecken und den roten Flügeldecken ist er so auffällig, daß man ihn stets wiedererkennen wird, wenn man ihm einmal begegnet ist.

Sind wir auf der Weide angelangt, die unseren Beobachtungen dienen soll, so wollen wir zunächst die alten, bereits eingetrockneten Fladen nicht beachten, sondern unseren Posten neben einer Portion frisch abgelegten Kuhdunges beziehen. Wir wollen hier beobachten und in unser Protokollheft eintragen, wie sich die Erstbesiedlung dieses eben entstandenen Lebensraumes vollzieht. Nach wenigen Minuten schon werden sich die ersten Gäste am Dungfladen einstellen. Der rote Dungkäfer, den wir bereits kennenlernten, ist sicher auch dabei.

Hat er seine Nahrung gesehen oder ihren Geruch mit seinen empfindlichen Fühlern wahrgenommen? Wir werden auf diese Frage schnell Antwort erhalten, wenn wir die Windrichtung feststellen und beachten, von welcher Seite der Umgebung die Käferchen anfliegen. (Wenn sie den frischen Kuhdung sehen, so werden sie gleichmäßig von überall herbeifliegen — wenn aber der Wind ihnen die Witterung zuträgt, so können sie sich nur entgegen der Windrichtung nähern.) Eine Fülle von Dingen haben wir hierbei zu beobachten, und alles wollen wir in unserem Protokoll verzeichnen: fliegen die Käfer direkt auf den Kot oder landen sie bereits vorher? Wie verläuft dann ihre weitere Annäherung? Was machen die Insekten, die im Fußmarsch ihr Ziel verfehlen?

Aber nicht nur der rote Dungkäfer und seine braun gefärbten Verwandten (s. Abb. 48/2) stellen sich nach wenigen Minuten ein. Auch eine gelbe,

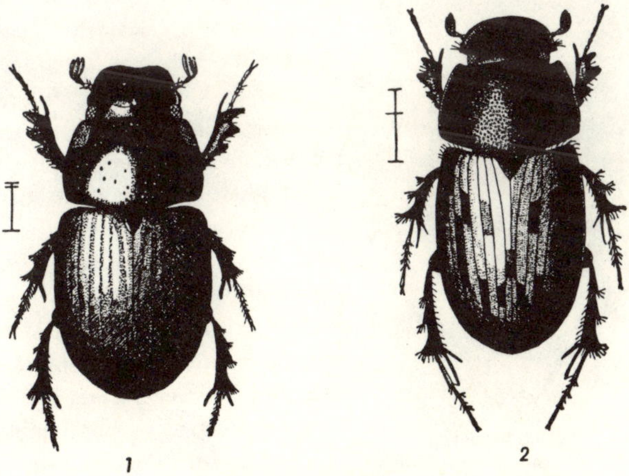

Abb. 48. Dungkäfer
Zwei Arten der Mistkäfergattung *Aphodius*. *1 Aphodius fimetarius*, der rote Dungkäfer, *2 Aphodius luridus*, eine der zahlreichen braunen Dungkäferarten

dicht behaarte Fliege wird schon bald eintreffen und mit ihrem Rüssel die Feuchtigkeit auf dem Fladen aufnehmen. Sie ist ein Vertreter der Mistfliegengattung *Scatophaga* (s. Abb. 49). Auch der gewöhnliche Mistkäfer (Abb. 50) und eine Reihe weiterer Käferarten werden sich bald fliegend oder durch das Gras kletternd an unserem Beobachtungsplatz ein Stelldichein geben.

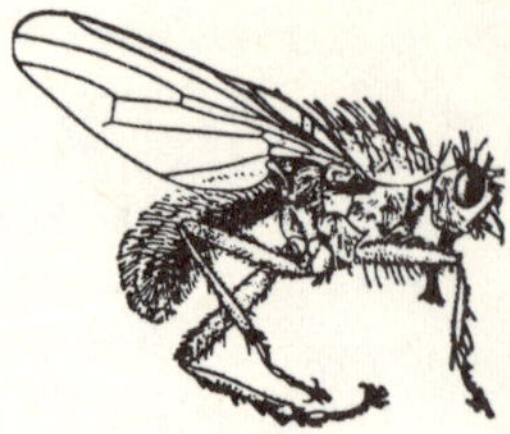

Abb. 49. Mistfliege *Scatophaga stercoraria*, eine dicht pelzig gelb behaarte Art, die überall häufig ist

Wenn wir so etwa eine halbe oder ganze Stunde lang das Eintreffen der dungfressenden Insekten beobachtet haben, wechseln wir den Standort und verfolgen das gleiche noch einmal an einem weiteren Fladen. Jetzt können wir schon leichter beurteilen, was Zufall war in der Reihenfolge der Ankunft bei der Nahrung und was mehr war als Zufall: nämlich gesetzmäßige Reihenfolge wegen der unterschiedlichen Leistung des Witterungsvermögens. Aber auch auf anderen Weiden und zu anderen Jahreszeiten müssen wir diese Beobachtungen wiederholen, ehe wir endgültig feststellen können: diese Arten kommen als erste, jene folgen später.

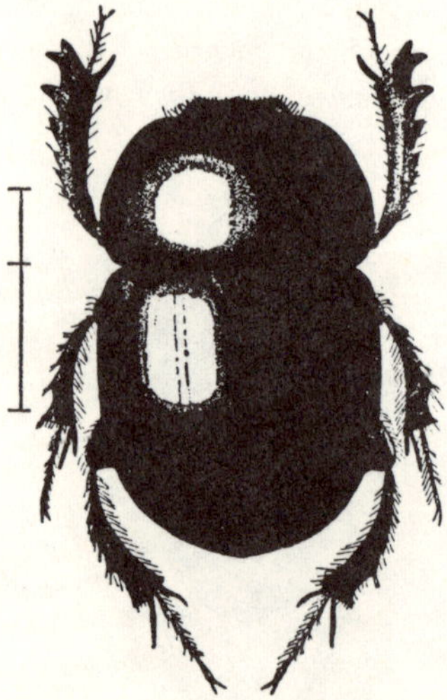

Abb. 50. Mistkäfer
Der blau oder grün glänzende *Geotrupes vernalis*, eine der sechs einheimischen Arten der echten Mistkäfer – Gattung *Geotrupes*

Natürlich können wir nicht tagelang bei unserer Beobachtung ausharren, um der Versammlung der gesamten Lebensgemeinschaft am frisch entstandenen Biotop zuzusehen. Außerdem würde uns selbst dann manches entgehen; einige *Aphodius*-Arten schwärmen erst nachts und sind dann am nächsten Morgen bereits im Inneren des Fladens verschwunden. Um das weitere Schicksal des Biotops Kuhdung zu verfolgen, gibt es aber einen einfachen Weg. Es liegt ja genug davon auf der Weide herum, und an dem Grade der Austrocknung können wir das Alter leicht abschätzen. Nach einigen Stunden bildet sich auf der Oberfläche des Fladens eine dünne, trockene Kruste. Nach drei oder vier (warmen, sonnigen) Tagen ist die Austrocknung der Rindenschicht bis etwa in die halbe Tiefe des Fladens fortgeschritten, nach ein bis zwei Wochen ist er bis in die tiefsten Schichten trocken und mürbe, und nach drei bis vier Wochen schließlich beginnt das Gras durch den eingetrockneten Dung hindurch zu wachsen.

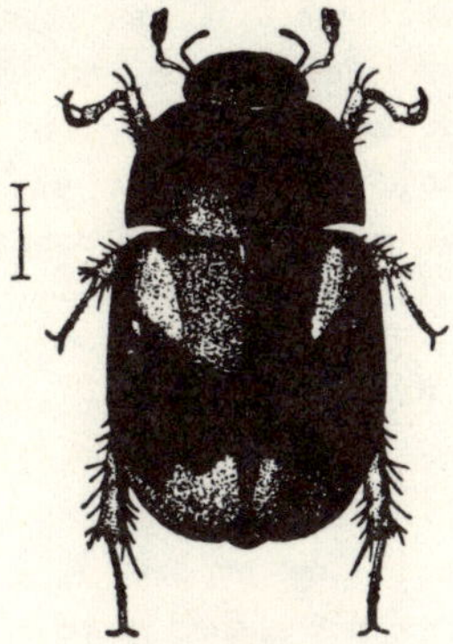

Abb. 51. *Sphaeridium scarabaeoides* aus der Familie der Kolbenwasserkäfer

Wir untersuchen daher einfach das Insektenleben im Inneren solcher verschieden alter Fladen, indem wir sie mit einem Ästchen oder Strohhalm zerteilen und umwenden. Die Insekten, denen wir dabei immer wieder begegnen und die wir sehr bald schon unterscheiden und wiedererkennen können, sind nicht so mannigfaltig wie etwa die Bewohner des Buchenstumpfes, den wir früher (s. S. 74) untersuchten. Außer der Mistfliege, von der schon gesprochen wurde, und außer einigen anderen Fliegenarten, darunter auch der Stubenfliege, die vereinzelt in unser Beobachtungsfeld geraten wird, sind es vor allem Käfer, die wir im Inneren des Fladens antreffen. (Gelegentlich können wir allerdings sogar Schmetterlinge dabei überraschen, wie sie mit ihren Rüsseln an einem frischen Fladen saugen.)

Die *Aphodius*-Dungkäfer (s. Abb. 48) und den Mistkäfer (Abb. 50) haben wir schon kennengelernt. Sie gehören beide der Familie der Blatthornkäfer an, was wir daraus ersehen können, daß sie (ähnlich wie der Maikäfer) ein fächerartiges Fühlerende besitzen.

Ein ebenfalls regelmäßig in Dungfladen auftretender Käfer ist der 5 bis 8 mm lange, hochgewölbte *Sphaeridium scarabaeoides* L. (Abb. 51), der auf dem sonst schwarzen Körper an jeder Flügeldecke vorn und hinten je einen rötlich gelben Flecken trägt. Seine Fühlerspitzen sind knollig verdickt, er gehört zur Familie der Kolbenwasserkäfer. Es ist gewiß merkwürdig, daß wir einen „Wasserkäfer" im Dung entdecken. Wenn wir ihn aber einmal beobachtet haben, wie er im frischen und breiigen Dung mehr schwimmt als kriecht, so können wir uns vorstellen, wie dieses Tier vom feuchten Element des Sumpfes und Schlammes in das ähnliche Substrat des frischen Dunges übergewechselt ist. Zur gleichen Familie gehören auch die 2—3 mm langen Arten der Gattung *Cercyon* (Abb. 52), die ebenfalls regelmäßige Gäste an unserer Untersuchungsstelle sind.

In etwas älteren Fladen werden wir weiterhin auf Stutzkäfer stoßen: breite, flachgedrückte Tiere mit glänzend lackschwarzem Körper und auffallend starken Zangen am Kopfe. Eine der größten Arten dieser Familie, den leuchtend rotgefleckten *Hister 4-maculatus* L., zeigt die Abb. 53.

Und schließlich werden wir die Bekanntschaft von Kurzflügelkäfern (Staphyliniden) machen, die an ihrem schmalen, langgestreckten Körper und dem beweglichen Hinterleib, von dem nur die ersten Segmente von kurzen quadratischen Flügeldecken bedeckt sind, sofort zu erkennen sind. Von dieser Familie gibt es zahllose Arten am Dung. Unsere Abb. 54 zeigt einen nur etwa 6 mm langen Vertreter, aber auch mehr als 2 cm langen, graugelb behaarten Arten werden wir gelegentlich begegnen.

Damit ist — abgesehen von den Käfer- und Fliegenlarven — die Liste der regelmäßigen Dunggäste abgeschlossen. Schon nach kurzer Beobachtungszeit werden wir alle hier beschriebenen Formen aufgefunden und kennengelernt haben. Wir werden auch bald schon, noch ehe wir einen Dungfladen umwenden, sagen können, welche Arten darunter besonders häufig sein werden.

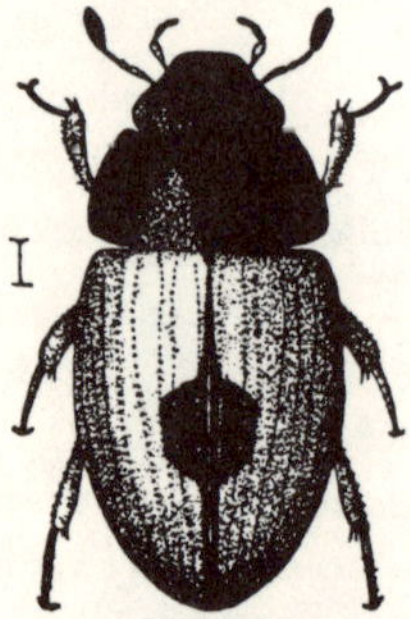

Abb. 52. *Cercyon unipunctatus* aus der Familie der Kolbenwasserkäfer

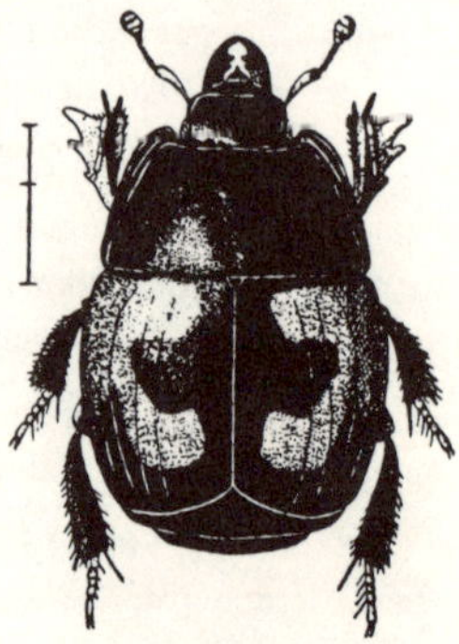

Abb. 53. Stutzkäfer
Der Vierpunkt-Stutzkäfer
Hister 4-maculatus

Die Sukzession, die gesetzmäßige Reihenfolge im Auftreten der Besiedler eines Biotops, haben wir andeutungsweise bereits bei der Beobachtung des Buchenstumpfes kennengelernt. Bei den Dunghaufen, die wir jetzt untersuchen, werden wir diese Erscheinung viel deutlicher bemerken. Daher soll es eine wichtige Aufgabe für uns sein, festzulegen, welches Besiedlungsbild die einzelnen Altersstadien des eintrocknenden Fladens aufweisen: vom frischen, eben abgelegten Dunghaufen bis zu den völlig verkrusteten und eingetrockneten Fladenresten, durch die das Gras bereits hindurchwächst und in denen als Vorboten der Lebensgemeinschaft des normalen Grasbodens die ersten Schnellkäferlarven (s. Abb. 55) auftreten.

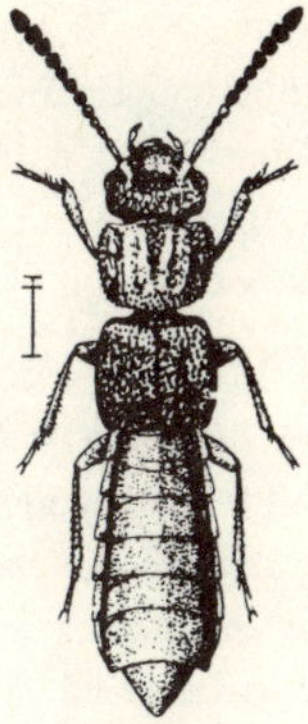

Abb. 54
Kurzflügel-Käfer
Oxytelus rugosus, eine der vielen am Dung lebenden Arten dieser Familie

Damit ist unsere Erforschung des Biotopes Dung aber nicht beendet. Wir müssen auch noch herausfinden, was für eine Rolle die einzelnen Insektenarten in ihrem Lebensraum spielen. Durch gründliche Beobachtung im Freien (evtl. auch durch Mitnahme einzelner Tiere nach Hause und durch Weiterbeobachtung im Glasbehälter) wollen wir feststellen, welche der hier anwesenden Käferfamilien (Blatthorn-, Kolbenwasser-, Stutzkäfer und Kurzflügler) sich von den Dungbestandteilen ernähren und welche etwa eine andere Nahrung haben. (Verraten sei hier nur, daß zwei dieser Familien ausschließlich Dung fressen und zwei andere lediglich als Räuber an dieser insektenreichen Lebensstätte ihre Opfer finden.)

Wenn die ersten Larven und Puppen im Fladen — oder dicht darunter im Erdboden! — auftreten, so sollten wir natürlich ihre Aufzucht versuchen. Wir werden dann erfahren, zu welchen unserer „Bekannten" die Nachkommenschaft gehörte.

In manchen älteren Fladen sehen wir, wenn wir sie im Herbst umwenden, fingerdicke Löcher senkrecht in den Erdboden führen. Mit einem Messer oder Löffel können wir nachgraben, um festzustellen, welches Mitglied der Dung-Lebensgemeinschaft sie gebohrt hat. Wir werden einen unserer großen Mistkäfer bei seiner unterirdischen Arbeit überraschen. Zum ersten Male begegnen wir hier einem Insekt, das Brutfürsorge betreibt, denn der tiefe Gang führt zu Seitenstollen, die das Mistkäferelternpaar in gemeinsamer Arbeit zur Aufzucht der Jungen angelegt und mit Dungteilen aufgefüllt hat. Im Inneren der Erde hält sich der Dung länger frisch als an der Oberfläche; daher haben die Mistkäferlarven, wenn sie aus den Eiern schlüpfen, genügend Zeit, um die von den Eltern vorbereitete Dungwurst aufzuzehren.

Viele Verwandte des Mistkäfers treiben in ähnlicher Weise Brutfürsorge — berühmt und allgemein bekannt ist der Pillendreher (*Scarabaeus*) der Mittelmeerländer, welcher die Dungwurst für seine Nachkommen durch ständiges Walzen und Drehen zu einem birnenförmigen Körper formt, den er dann ganz wie der Mistkäfer in Stollen im Erdinnern unterbringt und mit einem Ei versieht.

Auch im späten Herbst und an schneefreien Wintertagen soll ein eingetrockneter Dungfladen umgewendet und sein Inneres und die Erdschicht unmittelbar darunter untersucht werden. Man findet dann die Käfer — Imagines, Larven und auch Puppen, welche sich hier unter dem Nahrungsberg zur Überwinterung eingegraben haben. Die Temperatur unter den Fladen, deren Zersetzung noch lange Zeit weitergeht, ist etwas höher als die der Umgebung. Darum ist dieser Ort für die Überwinterung mit ihrer drohenden Frostgefahr so günstig.

Wenn wir die hierbei aufgefundenen Larven und Puppen durch Aufzucht einem der uns bekannten Gäste des Dunges zugeordnet haben, so wissen wir über ihre Lebensgeschichte schon viel. Noch mehr aber können wir erfahren, wenn wir die ganze warme Jahreszeit hindurch in unserem Protokollbuch verzeichnen, wie viele Exemplare der einzelnen Arten durchschnittlich in einem Dungfladen auftreten. Tragen wir am Ende des Jahres die so gefundenen Zahlen in eine Kurve ein, so haben wir einen „Steckbrief" über das Auftreten der Art im Jahresablauf, aus dem wir viel entnehmen können.

Für den roten Dungkäfer *Aphodius fimetarius* L. ist eine solche Kurve (s. Abb. 56) hier wiedergegeben. Was sagt sie uns? Sie zeigt, daß die Käfer, die an den ersten warmen Tagen des Jahres auftreten, im Mai plötz-

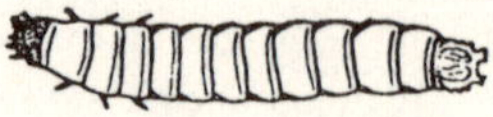

Abb. 55. Drahtwurm
Larve des Schnellkäfers *Corymbites aeneus*, die sich von Graswurzeln ernährt

Abb. 56. Jahreszeitliche Schwankungen in der Individuenzahl des roten Dungkäfers *Aphodius fimetarius* nach einer Beobachtung in Pommern 1931 (nach Schmidt)

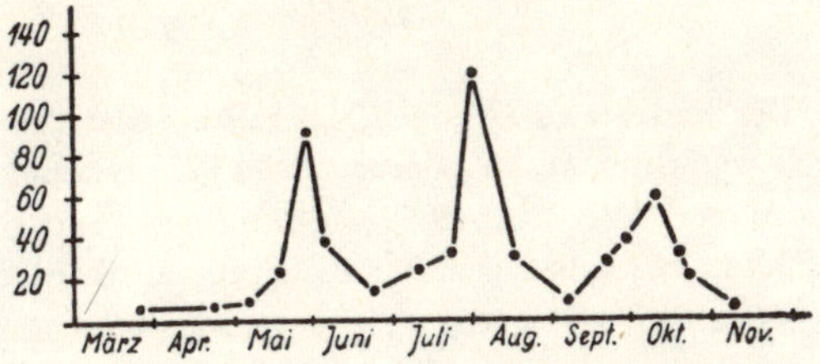

lich sehr häufig werden — bis dahin haben sich nämlich alle als Larven überwinternden Exemplare zum Vollkerf verwandelt — und dann fast restlos absterben. So gibt es im Juni nur wenige dieser Tiere. Im Juli und Anfang August sind sie dann wieder in großen Mengen vorhanden, und zwar ist es die nächste Generation, die sich inzwischen aus den im Mai abgelegten Eiern entwickelt hat und nun ausschwärmt. In der heißesten Jahreszeit (Ende August) ist die Masse der Käfer wieder verschwunden. Sind sie bereits gestorben? Wahrscheinlich nicht, vielmehr nimmt man an, daß sie einen „Sommerschlaf" durchmachen, um so die ungünstige Zeit, in der die Fladen in der brennenden Sonnenhitze zu schnell eintrocknen, zu überstehen. Erst wenn es herbstlich kühl wird (im Oktober), kommen sie noch einmal in großer Zahl aus ihren Schlafquartieren hervor. Wenn sich dann schließlich der Winter mit den ersten Frösten einfindet, verschwinden sie für dies Jahr endgültig im Winterquartier.

Die abgebildete Kurve zeigt das Verhalten des roten Dungkäfers in Pommern im Jahre 1931. In anderen Landschaften und in anderen Jahren ist es vielleicht anders — das müssen wir herausfinden! Und wie sehen die Erscheinungskurven für die anderen Käferarten in unserem Untersuchungsgebiet aus?

Eine Fülle von Beobachtungsaufgaben winkt jedem, der sich dieser Arbeit gründlich und gewissenhaft widmen will. Die eingehende Kenntnis eines kleinen, in sich abgeschlossenen Lebensraumes, die wir dabei erwerben, wird das Verständnis für die Erscheinungen des Insektenlebens vertiefen und uns eine Menge weiterer Aufgaben und Probleme der Insektenforschung vor Augen führen.

Die kleine Tierleiche

Der Kadaver eines Vogels, einer Maus oder eines Maulwurfs, den man gelegentlich im Walde oder an einem Feldweg findet, ist ein trauriger und — wenn die Verwesung fortgeschritten ist — auch ein recht unangenehmer Anblick. Wir haben aber bereits bei der Beschäftigung mit dem Kuhdung gesehen, daß gerade die zerfallende organische Materie für manche Insekten ein günstiger Lebensraum ist, und daß die Beobachtung des Tierlebens an einem solchen Objekt den Naturfreund für die Überwindung, die seine Betrachtung kosten mag, reichlich entschädigt. Noch mehr als für Exkremente gilt dies für tierisches Aas. Gerade an einer Tierleiche spielt sich eine erstaunliche und fast unglaubliche Instinktleistung der Insekten ab, so daß wir auf deren Beobachtung nicht verzichten können, ohne die Möglichkeit zu versäumen, Einblick in ein wahrhaft aufregendes Geschehen zu gewinnen.

Selbstverständlich kommt für diese Beobachtung am Aas nur eine kleine Tierleiche in der freien Natur in Frage. Auch auf eventuelle Aufzucht von Larven und Puppen zu Hause wollen wir diesmal verzichten. Das Aas soll auf keinen Fall mit der Hand berührt werden und ebensowenig die Insekten, welche sich daran einstellen. Wir wollen nur beobachten! Als einziges Werkzeug brauchen wir dazu eine kleine Schaufel oder einen starken eisernen Löffel.

Um nicht auf den Zufall angewiesen zu sein, bei einem Spaziergang auf eine kleine Tierleiche zu stoßen, werden wir uns eine tote Maus oder ein gestorbenes (etwa 8—14 Tage altes) Hühnerküken beschaffen müssen. Ein toter Fisch tut die gleichen Dienste. Wir legen diese Leiche im Freien aus, und zwar im Schatten auf möglichst lockerem Erdreich — am besten am Rande eines frisch gepflügten Feldes oder an einer grasfreien Stelle im Inneren des Waldes. (Reiner Sandboden oder Wiesen mit dichtem Graswuchs sind nicht geeignet.)

Ist die Leiche ausgelegt, so haben wir zunächst nichts anderes zu tun, als — wie nun schon mehrmals — die Neubesiedlung dieses Lebensraumes zu verfolgen. Es wird nicht lange (höchstens etwa 1 Stunde) dauern, und die ersten Fliegen stellen sich ein und können im Protokollbuch vermerkt werden. Sie besitzen die feinste Witterung und haben bereits ihre länglichen gelben Eier abgelegt, ehe die übrigen Aasgäste an unserem Beobachtungsort erscheinen. Wir werden sehen, wie die Fliegen ihre Eier an den nackten Körperstellen (z. B. in der Ohrmuschel und an der Mundöffnung) des Kadavers ablegen. Bei unserer Fliegenzucht (s. S. 58) haben wir schon gesehen, wie schnell sich die aasfressenden Fliegenlarven bei warmer Temperatur entwickeln. Einen Teil dieser Entwicklung werden wir jetzt miterleben.

Unseren Beobachtungsplatz brauchen wir dann erst wieder am nächsten Tage aufzusuchen. Jetzt erst — spätestens aber nach 2 oder 3 Tagen — setzt der Fäulnisgeruch ein, von dem auch andere Insekten als die Fliegen angelockt werden. So finden wir, wenn die Tierleiche vorsichtig mit einem Holzstückchen umgewendet wird, unter ihr ein wimmelndes Insektenleben, aus dem wir einige Vertreter — Kurzflügler und Stutzkäfer — schon von unseren Beobachtungen am Kuhdung kennen. Die eigentlichen Dungfresser aber werden wir hier vergeblich suchen. An ihrer Stelle hat sich eine Gesellschaft aus der Familie der Aaskäfer (*Silphidae*) eingefunden.

Abb. 57. Aaskäfer Ein Vertreter der Gattung *Silpha* (echte Aaskäfer)

Vor allem fallen uns die bekannten Totengräber (s. Abb. 58) auf, mit denen wir uns noch näher beschäftigen werden. Es gibt eine ganze Reihe von Arten der Totengräbergattung *Necrophorus* in Deutschland. Ganz schwarz, 2 bis 3,5 cm lang: *N. germanicus* L. — die größte und seltenste Art. Schwarz mit roter Fühlerkeule, nur 2,5 cm lang: *N. humator* F. Flügeldecken mit zwei rotgelben Querbinden, Halsschild gelb behaart, 12—22 mm lang: *N. vespillo* L. — der gemeine Totengräber. Flügeldecken mit ebensolchen Querbinden, aber Halsschild kahl, rein schwarz, 12—18 mm: *N. vespilloides* H. — vor allem in Wäldern.

Zur gleichen Familie gehören die echten Aaskäfer, z. B. *Silpha obscura* L. (Abb. 57) (13—17 mm lang), der etwas kleinere und glänzend schwarze (oder braune) *Phosphuga atrata* L. und der Rothalsaaskäfer *Oeceoptoma thoracica* L., ein 12—16 mm langes, der Abb. 57 ähnliches, mattschwarzes Tier mit samtartiger roter Behaarung des Halsschildes.

Die Liste der Aasgäste ist mit dieser Aufzählung keineswegs erschöpft. Eine ganze Reihe von weiteren Fliegen- und Aaskäferarten werden wir an der Tierleiche finden, jedoch auf ihre Bestimmung verzichten. Wenn sie alle sich eingestellt haben und wenn dazu die Fliegenlarven größer geworden sind, ist aus unserer Tierleiche bereits ein so unschöner Kadaver geworden, daß wir uns mit seiner Lebewelt nicht weiter beschäftigen wollen.

Aber in den allermeisten Fällen werden wir feststellen können, daß es zu einem so fortgeschrittenen Stadium des Zerfalls bei dem Aas auf der Erdoberfläche gar nicht kommt, weil der Totengräber seine Tätigkeit aufnimmt und die ganze Leiche unseren Blicken entzieht. Die Totengräber sind während der warmen Jahreszeit nirgends selten. Es müßte schon ein merkwürdiger Zufall sein (oder aber die Leiche war zu klein oder zu groß und wurde deshalb nicht angenommen), wenn wir nicht schon bald diese fleißigen Tiere unter der Leiche entdecken würden.

Schon seit mehr als hundert Jahren weiß man von der stillen Tätigkeit, der diese Käfer ihren Namen verdanken. Wir werden ohne Schwierigkeit beobachten können, wie einzelne der rotschwarzen Tiere sich immer wieder unter den Kadaver wühlen und — mit ihren Beinen Erdkrumen hinter sich schaufelnd — schließlich auf der anderen Seite der Leiche wieder zum Vorschein kommen, um sogleich kehrtzumachen und ihre Grabtätigkeit wieder aufzunehmen.

Wenn wir Glück haben, werden wir einen solchen Totengräber aber auch bei einer ganz anderen Beschäftigung beobachten können. Auf der höchsten Stelle des Leichnams, vielleicht auch etwas daneben auf einem Stein oder Ast, sitzt ein solches Tierchen, streckt seinen Hinterleib schräg nach oben und vollführt — manchmal stundenlang — pendelnde Bewegungen mit der Hinterleibsspitze. Es ist ein „sterzelndes" Männchen, das mit diesem seltsamen Tanz feine Geruchsstoffe aus einer besonderen Drüse in die Luft entläßt, um damit die Weibchen anzulocken.

Am nächsten Tag ist die Tierleiche durch die andauernde Tätigkeit der Totengräber schon ein gutes Stück in den Erdboden eingesunken, und nach etwa 2 Tagen (bei besonders günstigem Untergrund aber manchmal auch schon nach 5—10 Stunden) ist das Aas völlig von der Erdoberfläche verschwunden. Nur ein Häufchen frisch aus dem Erdinnern ausgestoßener Erde verrät noch die Stelle, an der es von den Totengräbern bestattet wurde. Vieles ist in diesen Tagen oder Stunden geschehen, was wir nicht im einzelnen beobachten können, wovon uns nun aber ein Spatenstich überzeugen kann, der das Erdreich 10—20 cm unterhalb des Erdauswurfes aushebt: die Höhlung unter dem Kadaver wurde durch das dauernde Wühlen der Totengräber immer weiter vertieft, so daß der ganze Leichnam allmählich nachrutschte.

F a b r e, der große Insektenforscher des vorigen Jahrhunderts, nahm an, daß alle am Aas versammelten Totengräber sich bei ihrer Arbeit in kollegialer Weise helfen und daß nach getaner Arbeit alle bis auf ein Pärchen freiwillig wieder das Feld räumen. Dies ist jedoch nicht richtig. Vielmehr herrscht während des Wühlens und Eingrabens ein erbitterter Kampf unter den Konkurrenten in beiden Geschlechtern. Die Weibchen beißen sich gegenseitig und suchen sich zu verjagen, bis nur das stärkste übrig bleibt. Den gleichen Kampf fechten die Männchen untereinander aus, und so ist schließlich, wenn der Leichnam im Erdinnern versinkt, nur noch ein Pärchen vorhanden. Es ist das Elternpaar der künftigen Totengräbergeneration, der das von uns beobachtete Aas als Brutstätte dient. Bis zur Entwicklung dieser neuen Generation geschehen eine ganze Reihe von äußerst merkwürdigen und bei Insekten ungewöhnlichen Dingen, denen wir nun weiter nachspüren wollen.

Entdeckt wurde dieses Geschehen erst vor 20 Jahren von der deutschen Zoologin Pukowski, der es durch besondere Versuchsanordnung gelang, alle Stadien der unterirdischen Tätigkeit dieser Käfer zu beobachten. Wir müssen uns damit begnügen, durch gelegentliche Stichproben einzelne Momentaufnahmen des Geschehens herauszugreifen, indem wir die Erde unter solchen von Totengräbern bestatteten Kadavern nach einigen Tagen aufgraben. Wenn wir mehrere Leichname für unsere Beobachtung zur Verfügung haben, so können wir bei einem drei Tage nach der Bestattung nachgraben, beim nächsten nach 5 oder 6 Tagen, schließlich nach 14 Tagen (die Zeit, nach der sich die Larven verpuppen). So wird es uns schließlich gelingen, einiges von der abenteuerlichen Geschichte selbst zu erleben, die sich im schützenden Dunkel der Erde abspielt und von der nun ausführlich berichtet werden soll.

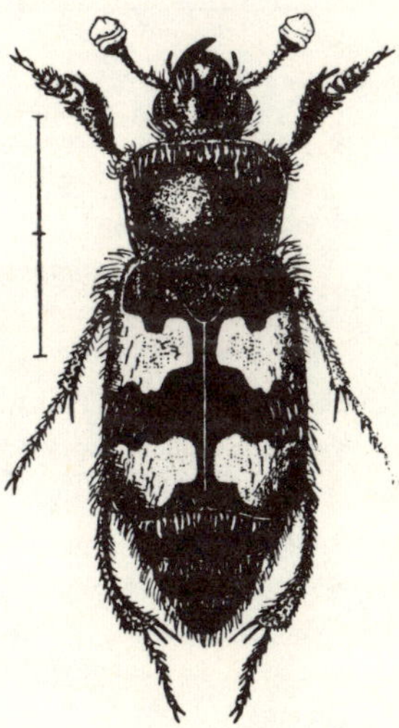

Abb. 58. Gemeiner Totengräber (*Necrophorus vespillo*)

Das Elternpaar hat unter ständigem Wühlen und Graben den Leichnam bis in eine Tiefe von etwa 15 cm ins Erdinnere gezerrt, wobei mit der unten aufgegrabenen Erde die Höhlung oberhalb der Leiche wieder gefüllt wurde. Haben die fleißigen Elterntiere nach einigen Stunden auf diese Weise mit ihrer Fracht die richtige Tiefe erreicht, so wird eine kugelige, etwa apfelgroße Höhle (die „Krypta") angelegt. Bei den meisten *Necrophorus*-Arten wird nun das Männchen vom Weibchen verjagt, so daß die zukünftige Mutter allein in der Höhle zurückbleibt. (Bei *Necrophorus vespilloides* dagegen bleiben Männchen und Weibchen auch weiterhin gemeinsam tätig.) Die nun folgende Beschäftigung des Elternpaares oder des Weibchens allein ist sehr mühsam. Pukowski schildert sie so: „Stundenlang umwandert der Käfer Schritt für Schritt die vergrabene Beute in allen nur möglichen Richtungen. Die Füße auf dem Kadaver, den Rücken der umgebenden Erde zugewandt, stemmt er die Masse unaufhörlich von sich fort." So wird das Aas geknetet und durchgewalkt und verliert allmählich seine ursprüngliche Form und Gestalt, um sich in eine gleichmäßige Kugel zu verwandeln. (Die Muskeln und anderen Organe des toten Tierkörpers haben inzwischen durch die fortschreitende Fäulnis ihre Festigkeit zum größten Teil verloren.) Auch die eventuell im Aas vorhandenen Fliegenlarven sind einer solchen Behandlung nicht gewachsen und werden zerstört. Nach der Beendigung dieser Arbeit befreit das Weibchen die Aaskugel von den daranhaftenden Erdteilchen, von Haaren oder Federn und sonstigen störenden Dingen. So liegt nach etwa 30—40 Stunden unermüdlicher Tätigkeit eine fertige Nahrungskugel in der Krypta.

Abb. 59. Die Krypta
Schematischer Schnitt durch die Krypta von *Necrophorus vespillo* mit Muttergang und Eikammern. Die Aaskugel weiß (Nach Pukowski aus Lengerke.)

Von der Krypta aus gräbt das Totengräberweibchen nun einen etwa fingerdicken Gang in die Erde (s. Abb. 59), in dessen Wandung die Eier in kleinen Höhlungen einzeln abgelegt werden. Die Zahl dieser Eier schwankt zwischen 1 und 24. Nach der Eiablage kehrt die Mutter in die Krypta zurück und säubert die Höhle.

Die Entwicklung der Larven im Inneren der Eier dauert 5 Tage. Die Totengräbermutter hat ein sehr genaues Zeitgefühl und wird sich nach Ablauf dieser Zeit bei ihren Eiern einfinden. Bis dahin aber hat sie nicht etwa eine Erholungspause von ihrer anstrengenden Grab- und Knetarbeit, sondern eine neue, sehr wichtige Beschäftigung. Auf dem höchsten Punkt der Aaskugel wühlt sie ein rundes Loch von etwa 1/2 cm Durchmesser und verbreitert es zu einem kleinen Krater. Auf dem Grund des Kraters frißt sie ein wenig, gibt dabei viel Verdauungssäfte in die Nahrungsmasse ab und verschließt dann den Krater wieder sorgfältig. Kleine Kottröpfchen setzt sie auf der Oberfläche der Aaskugel ab, wodurch diese feucht gehalten wird. Die mit dem Magensaft auf die Nahrung gebrachten Verdauungsfermente zersetzen gleichzeitig das Fleisch und bringen es in einen für die Nachkommen vorbereiteten Zustand. Dadurch, daß der Krater immer wieder neu geöffnet und allmählich immer mehr ins Innere der Kugel vertieft wird, wobei das Weibchen stets neues Sekret abgibt, wird dieser Zersetzungsprozeß noch beschleunigt. Den Junglarven steht auf diese Weise „vorverdaute“ Nahrung zur Verfügung.

Würde die Mutter nun die Krypta verlassen, so hätte sie für die künftige Generation aufs beste gesorgt, und ihr Verhalten würde uns als ein bemerkenswerter Fall von Brutfürsorge erscheinen, wie wir ihn ähnlich, wenn auch einfacher, schon beim Mistkäfer beobachten konnten. Von einem solchen Verlassen der Höhle kann aber beim Totengräberweibchen gar keine Rede sein. Vielmehr schließt sich an die Brutfürsorge ein weiteres Stadium an, die „Brutpflege“, bei der das Tier Leistungen zeigt, wie man sie sonst fast nur von den „sozialen“ Insekten (Bienen, Ameisen, Termiten) kennt.

Wenige Stunden vorm Schlüpfen der Brut wird der Krater ein letztes Mal geöffnet und diesmal nicht wieder geschlossen: der Tisch für die Larven ist gedeckt! Ruhelos durchwandert das Weibchen nun den Gang, in dem die Eier abgelegt sind. Erdbrocken werden weggeräumt, und durch eine „Geruchsspur“, die die Mutter auslegt, erleichtert sie ihren Jungen das Auffinden der Nahrung. Diese Spur führt in die Krypta, in welche sich der Totengräber für etwa eine halbe Stunde begibt, um dann die Wanderung durch den Eiergang erneut aufzunehmen. Dabei soll das Weibchen sogar ein leise zirpendes Geräusch von sich geben, so daß wir an eine Hühnerglucke erinnert werden, die ihre Küken zu sich ruft.

Diese „Küken“ begeben sich sofort nach dem Verlassen der Eihülle tatsächlich durch den Eiergang hindurch auf dem kürzesten Wege zur Krypta und steigen in den Krater an der Oberseite der Aaskugel, wo ihre Mutter sie bereits erwartet. Dicht gedrängt liegen die kleinen, weißen Larven dort mit dem Kopf nach außen in der Vertiefung. Was dann in der dunklen Erdhöhle geschieht, soll die Entdeckerin dieses seltsamen Vorganges selbst schildern: „Kaum hat sich das Weibchen dem Krater genähert, als sämtliche Larven den Oberkörper steil in die Höhe richten, so daß ihre Beine ins Leere greifen. Der Käfer ist direkt über der Brut stehen geblieben und schlägt mit trillernden Bewegungen seiner Vorderbeine auf das Aas oder bisweilen auf die Larven, die sich um seinen Kopf scharen. Jetzt sperrt das Weibchen die Mandibeln, und eiligst legt sich der Kopf einer Larve zwischen die Kiefer, sich dicht an die Mundöffnung der Mutter herandrängend. Wenn es der Zufall erlaubt, so sieht man dabei ein winziges Tröpfchen einer braunen Flüssigkeit aus dem Mund der Mutter in den der Larve übertreten. Aber schon nach wenigen Sekunden wendet sich das Weibchen ab, und sofort versucht eine andere Larve hoch erhoben seinen Mund zu erreichen. Kein Zweifel: die Brut wird von dem Weibchen gefüttert.“

In den ersten 5—6 Lebensstunden der Larve ist diese Fütterung durch die Mutter die einzige Form der Nahrungsaufnahme. Auch der Vater — wenn er nicht vorher vertrieben wurde — beteiligt sich am Füttern der Jungen. Pukowski schreibt weiter: „Die Larven betteln äußerst stürmisch und folgen dem Weibchen auf kurzen Wegen über das Aas, wobei sie große Geschicklichkeit und die Fähigkeit zeigen, auf Richtungsänderungen in der Fortbewegung des Weibchens zu reagieren. Wenn sich dabei die junge Brut auch öfters über den oberen Teil der Aaskugel zerstreut, so sammelt sie sich jedoch in kürzester Zeit wieder im Krater, sobald das Weibchen dorthin zurückkehrt.“

Nach 5—6 Stunden beginnen dann die Larven allmählich selbständig im Inneren des Kraters zu fressen, wobei aber die zusätzliche Fütterung durch die Mutter nicht aufhört. Haben die Larven — die ganz unglaublich schnell heranwachsen — ihre erste Häutung hinter sich, so sind sie wiederum für einige Stunden völlig auf die Fütterung durch das Weibchen angewiesen. Danach aber sind sie selbständig und bohren sich ins Innere der Aaskugel ein.

Aber auch jetzt noch bleibt das Weibchen nicht untätig. Es bessert die Wandungen der Krypta aus und setzt sich in regelmäßigen Abständen schützend über die Brut, bereit zur Verteidigung seiner Larven gegen jeden etwaigen Angreifer.

Genau nach 7 Tagen sind die wohlbehüteten Larven erwachsen, verlassen die ausgehöhlte Aaskugel und bohren sich in das umgebende Erdreich ein, um sich dort zu verpuppen. Das erschöpfte Weibchen bleibt meistens in der Krypta, um dort zu sterben. Es kommt jedoch auch vor, daß es noch das Ausschlüpfen der Jungkäfer erlebt und sich mit diesen zusammen aus der dunklen Höhle ans Tageslicht emporarbeitet.

Nach dieser erstaunlichen Geschichte wird es sicher niemanden mehr wundern, weshalb wir für unsere Beobachtungen ein so unangenehmes Objekt, wie es eine zerfallende Tierleiche ist, gewählt haben. Wir kennen nun die Vorgänge im Inneren der Krypta recht genau. Wenn wir mit unserem Spaten oder Löffel das Erdreich unter einer vom Totengräber bestatteten Leiche vorsichtig wegräumen, bis unsere Ausgrabung auf die Krypta stößt, so werden wir das, was wir dort vorfinden, als ein Stadium aus dem Ablauf dieses merkwürdigen und wunderbaren Geschehens wiedererkennen können.

Der Bach

Wie im vorigen Kapitel, so wollen wir auch hier unsere Beobachtungen abschließen mit einem Blick auf das Insektenleben im Wasser. Dabei soll es jetzt aber nicht um die Aufzucht eines Wassertieres gehen, sondern um das Kennenlernen der Mitglieder einer ganzen Lebensgemeinschaft im feuchten Element.

Wir wählen für unsere Beobachtung einen kleinen, schnell fließenden Bach, wie wir ihn im hügeligen oder bergigen Gelände im Schatten des Waldes oder am Rande einer Wiese fernab von menschlichen Siedlungen finden können. (Ein größerer Fluß kann nur im Notfall Ersatz bieten, denn meist ist er verunreinigt und daher von vielen ehemaligen Bewohnern gemieden; außerdem findet man in ihm nur selten seichte Furten, in denen das Wasser schnell genug fließt, um den Arten, die wir beobachten wollen, Lebensraum zu bieten. Auch ein langsam fließender Graben ist nicht geeignet.)

Unsere Ausrüstung besteht aus einer weißen Emailschüssel oder einem flachen Teller und einer Pinzette. Auch das Protokollbuch soll selbstverständlich wie immer mitgeführt werden. Sind wir am Ufer des Baches angelangt, dort wo sein Bett höchstens 1 m breit ist und er nur wenige Handbreit hoch in schnellem Lauf über das Geröll des Untergrundes strömt, so heben wir einen größeren Stein aus dem Wasser. Die Lebewesen, welche darauf sitzen, lesen wir mit einer Pinzette ab und bringen sie in unsere etwa 1 cm hoch mit Wasser gefüllte Schüssel. Wenn der Bach nicht stark verunreinigt oder von Abwässern eines Industriewerkes vergiftet ist, so werden wir an jedem Stein Dutzende von Lebewesen finden. Abgesehen von einigen Schnecken und Würmern regieren in diesem Biotop die Insekten, vor allem ihre Larven, von denen unsere Schüssel bald ein buntes Gewimmel enthalten wird. Wie die Abb. 30 bereits zeigte, herrschen im Lebensraum des Süßwassers ganz andere Insektenordnungen vor als in terrestrischen Biotopen. Viele Ordnungen, die wir aus unseren bisherigen Beobachtungen kennen, treten an Zahl und Bedeutung ihrer Arten erheblich zurück, und an ihre Stelle treten Insektengruppen, die zum Teil ganz auf das Wasser beschränkt sind.

Als erstes werden uns die lebhaften Larven der Eintagsfliegen auffallen, die wir an ihren drei oft körperlangen Schwanzfäden sofort erkennen können. Weiterhin bemerken wir an diesen gelblich bis dunkelgrauen, oft scheckig gefleckten Tieren auf dem Hinterleib mehrere Paare von Kiemen, die entweder auf dem Rücken liegen (s. Abb. 7) oder als rundliche Plättchen seitlich vom Hinterleib abstehen (s. Abb. 60). Flügelscheiden sind fast immer deutlich zu erkennen — die Larven sind also „Nymphen“ und machen kein Puppenstadium durch.

Wir werden im Inhalt unserer Schüssel zwei Typen von Eintagsfliegenlarven unterscheiden können: die einen besitzen einen drehrunden Körper und dünne, zarte Beine (s. Abb. 60 b), die anderen aber haben einen stark verbreiterten und abgeplatteten Körper, und auch ihre Beine (manchmal sogar die Kiemenplättchen) sind flach dem Untergrund angelegt (s. Abb. 60 a). Diese Arten sind ziemlich groß — bis zu 2 cm — und besitzen drei (oder nur zwei) 1—2 cm lange Schwanzfäden.

Vertreter beider Typen wollen wir in unserem Protokollbuch abzeichnen.

Die abgeplatteten Larven zeigen in ihrer eigenartigen Körperform eine vollendete Anpassung an die besonderen Lebensbedingungen in ihrem Biotop: das schnell über die Steine und den Bodengrund strömende Wasser würde die hier lebenden Tiere von der Unterlage abreißen und fortspülen, wenn sie nicht durch besondere Einrichtungen vor der Strömungswirkung geschützt wären. Dies Problem ist bei den abgeplatteten Eintagsfliegenlarven dadurch gelöst, daß ihr flacher und stromlinienförmiger Körper der Unterlage so dicht aufliegt, daß die Strömung machtlos über ihn hinwegstreicht. Wenn wir die einzelnen Seiten des untersuchten Steines gesondert absammeln, werden wir sehen, daß diese flachen und vor der Strömung geschützten Formen sich im Gegensatz zu vielen anderen Larven auch dort aufhalten können, wo das Wasser mit besonderer Geschwindigkeit vorbeiströmt.

Aber so eindrucksvoll diese Strömungsanpassung der abgeplatteten Eintagsfliegenlarven ist — der andere Typ der gleichen Insektenordnung zeigt uns doch, daß die Natur zu einem Zwecke fast stets mehrere, ganz verschiedene Wege einschlägt. Denn auch die nicht abgeplatteten Larven finden wir in unserer Schüssel; auch sie vermögen — man weiß bis heute nicht so recht wie — mit ihrem runden Körper und ihren zarten dünnen Beinen der Strömung zu trotzen.

Noch eine wichtige Beobachtung wollen wir an den Eintagsfliegenlarven vornehmen. Die bewegten Wassermassen, denen sie während ihres Lebens standhalten müssen, haben nicht nur Nachteile für die Insektenlarven, sondern auch einen wichtigen Vorteil: Die Atmung, die für Wasserbewohner oft ein erhebliches Problem ist, bietet hier für sie keine Schwierigkeiten. Denn da das Wasser in ständigem Flusse an ihnen vorbeiströmt, sich wirbelnd mischt und neu mit Sauerstoff sättigt, ist es stets „frisch“ und sauerstoffreich. Bewohner fließender Gewässer sind daher sehr verwöhnt im Hinblick auf Frischwasser. In unserer Schüssel, in der die Tiere sich nun schon seit einigen Minuten aufhalten, gibt es keine Wasserströmung, die im Wasser gelöste Luft in der nächsten Umgebung der Larven ist

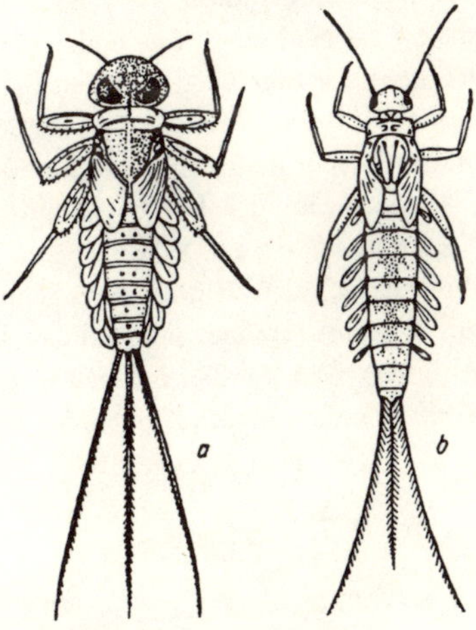

Abb. 60. Eintagsfliegenlarven
a Rhitrogena semicolorata, ein Vertreter des plattgedrückten Typs, *b Baetis rhodani*, nicht abgeplatteter Typ

bald verbraucht, und Atemnot stellt sich ein. Wir werden das ganz deutlich beobachten können. Die Tiere werden unruhig und versuchen — je nach den Möglichkeiten, die ihr Körperbau zuläßt — Frischwasser heranzufächeln. Einige Arten tun dies so, wie es auch die Eintagsfliegenlarven der Teiche und Seen machen: sie klappen ihre Kiemenplättchen in schnellem Wechsel auf und nieder und erzeugen dadurch einen Wasserstrom. Im Bach selbst hatten sie diese Bewegung nicht nötig, aber in der Not können sie darauf zurückgreifen.

Andere (besonders viele abgeplattete) Arten haben unbewegliche Kiemenplättchen und versuchen ein anderes Mittel. Sie schlagen den ganzen breiten Hinterleib auf und nieder und fächeln so frisches Wasser heran. Die kleinen, zarten, nicht abgeplatteten Arten wissen einen dritten Weg: Sie beginnen „Kniebeugen" zu machen und heben und senken so ihren ganzen Körper, um das Wasser in Bewegung zu setzen.

Nur die ganz großen, schwarzen, breit abgeplatteten Larven mit nur zwei langen Schwanzfäden (*Epeorus*) sind zu keiner dieser Bewegungen fähig. Ihnen bleibt nur eines übrig: am Rande der Schüssel ganz nahe an die Oberfläche zu kriechen, wo das Wasser am längsten frisch bleibt. Aber auch das nützt ihnen nicht viel: nach längstens einer Viertelstunde werden sie tot — erstickt — am Boden der Schüssel liegen, wenn wir sie nicht rechtzeitig vorher wieder in den Bach zurückgesetzt haben. Wir verstehen nun auch, weshalb der Versuch aussichtslos wäre, diese empfindlichen Fließwasserspezialisten in einem Aquarium züchten zu wollen.

Eine Anzahl der Larven in unserer Schüssel gehört zur Ordnung der K ö c h e r f l i e g e n. Wie ihr Name sagt, tragen sie (oder doch die meisten ihrer Arten) den Hinterleib in einem Köcher verborgen, d. h. in einem aus Blättern, Steinen oder anderem Baumaterial gefertigten Behälter (s. Abb. 26). Wir werden bei den Köcherfliegenlarven eine ganze Reihe von Köchern unterscheiden können, die nach recht verschiedenartigen Bauplänen

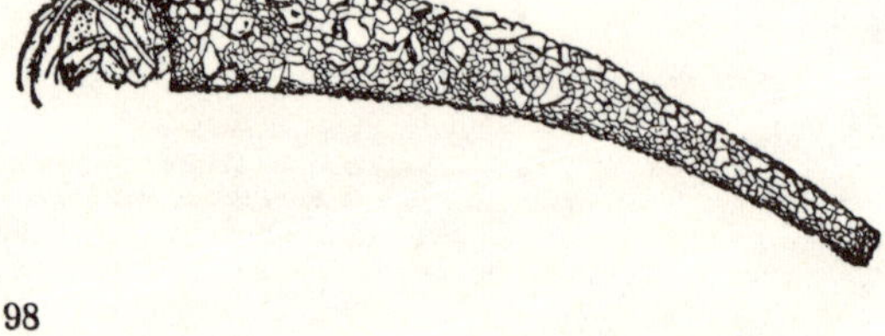

Abb. 61. Köcherfliege
Larve der Gattung *Leptocerus*
in ihrem Gehäuse

angefertigt sind. Einige Gehäuse sind oval, mehr einer Hohlkugel als einer Röhre gleichend, die meisten aber sind länglich, röhrenförmig und dabei entweder drehrund oder viereckig oder auch abgeplattet. Auch der Krümmungsgrad der röhrenförmigen Gehäuse ist sehr verschieden: einige sind langgestreckt und gerade, andere schwach gekrümmt (s. Abb. 61) und wieder andere stark hornartig gebogen.

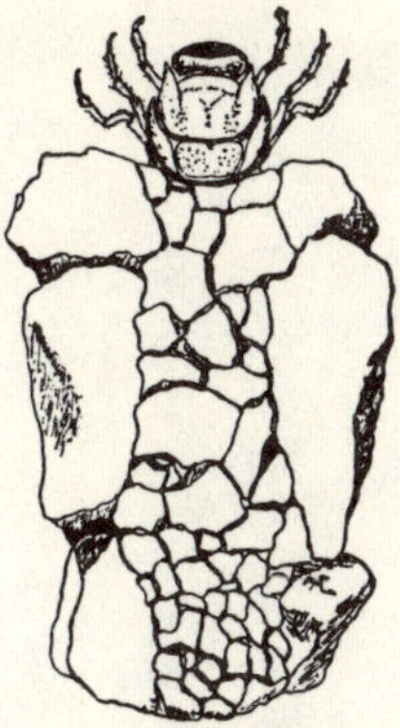

Abb. 62. Köcherfliege
Larve der Gattung *Silo* in ihrem Gehäuse

Beachten wir das Baumaterial, aus dem die Gehäuse hergestellt sind, so werden wir verschiedenartige Typen auffinden: die großen, mehrere Zentimeter langen und gestreckten Röhren der Gattung *Stenophylax* sind aus groben Steinchen und Blattstückchen verhältnismäßig unordentlich zusammengefügt. Die meisten anderen aber bestehen ganz aus Steinchen von annähernd gleicher Größe. Dabei gibt es Köcher aus feinsten, winzigen Sandkörnchen und solche aus gröberen und größeren Steinen. Auch Tannennadeln, Holzstückchen und Borkenteile finden sich als Baumaterial, und schließlich werden wir auch Röhrchen sehen, die ganz aus glattem seidigem Sekret gesponnen sind.

Wozu dienen diese Köcher? Einmal sicher zum Schutz des weichen Hinterleibs und besonders — wenn sich die Larven in ihnen verpuppt haben — als schützender Behälter für die Puppe. Außerdem aber sind in vielen Fällen diese Gehäuse eine Strömungsanpassung, mit deren Hilfe eine Verbreiterung und Belastung des Körpers erreicht wird. So wird uns sicher die Larve der Gattung *Silo* (s. Abb. 62) auffallen, bei der seitlich an dem runden Steinköcher größere Steinchen als Stabilisierungsflächen angebracht sind, mit deren Hilfe die Larven — ähnlich wie die abgeplatteten Eintagsfliegen-

Abb. 63. Köcherfliege
Die gehäuselose Larve der Gattung *Hydropsyche*

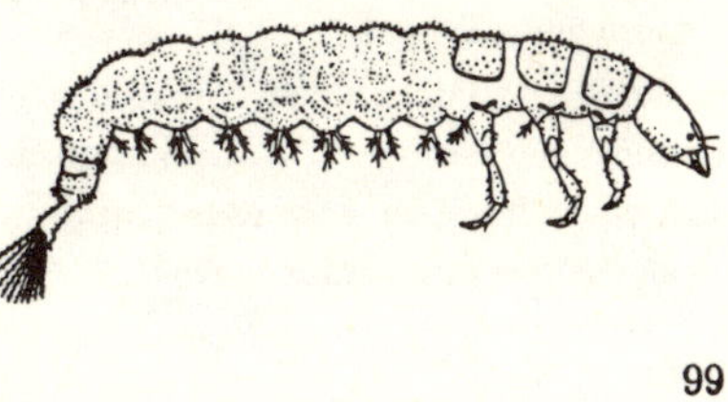

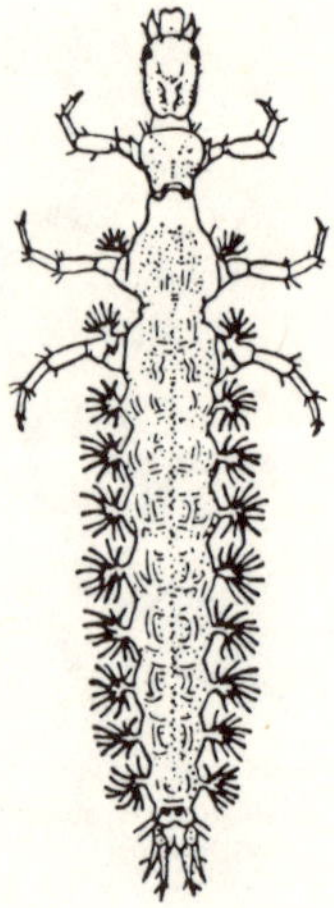

Abb. 64. Köcherfliege
Die gehäuselose Larve der
Gattung *Rhyacophila*

larven — eine größere Auflagefläche und damit eine vermehrte Widerstandskraft gegen die Strömung gewinnen. Andere Arten (*Halesus*) befestigen an ihren Köchern seitlich lange Aststückchen, die ebenfalls als Stabilisierungsteile dienen.

Hinzu kommt, daß viele Arten sich und ihre Köcher mit Spinndrüsenabsonderungen an den Steinen festkleben, so daß die Strömung an ihnen völlig machtlos wird. So werden wir an den aus dem Wasser gehobenen Steinen sicher zusammengekittete Steinhäufchen entdecken, die nur mit Gewalt vom Stein zu lösen sind. Auch in ihnen finden wir Larven oder Puppen von Köcherfliegen. Manchmal sind die Puppen auch bereits geschlüpft, und die leeren Gehäuse zeigen uns, wie fest ihre Verankerung am Untergrund war, da sie sich noch nach Jahren nicht losgelöst haben.

Mindestens ein Dutzend verschiedener Köcherformen werden wir in unserem Bache auffinden können — es sind die Gehäuse verschiedener Arten, die wir so an ihrem unterschiedlichen Bauinstinkt unterscheiden können.

Aber genau wie die Eintagsfliegen, so zeigen auch die Köcherfliegen, daß wir uns bei der Beobachtung der Natur vor Verallgemeinerungen hüten müssen. Denn so einleuchtend der Schutz des Körpers durch einen Köcher ist, und so sicher die Strömungskraft dadurch in vielen Fällen gebrochen werden kann: Es gibt auch Larven dieser Ordnung, die frei und ohne Köcher leben und der Strömung auf andere Weise trotzen. Zwei Vertreter dieser Gruppe werden wir mit Sicherheit in unserer Schüssel finden. Sie tragen am Hinterleib büschelförmige Kiemenpaare, und zwar entweder (Gattung *Hydropsyche* s. Abb. 63) an der Unterseite des einfarbig grauen Körpers oder (Gattung *Rhyacophila* s. Abb. 64) seitlich am grünlich-rotgepunkteten Körper.

Bei den Hydropsychen winkt uns eine interessante Beobachtung: beim vorsichtigen Aufheben eines Steines aus dem Wasser wird uns gelegentlich ein feingesponnenes reusenartiges Netz auffallen (s. Abb. 65), das sich in einen schmutziggrauen, weichen Gespinstsack fortsetzt. Besonders diese

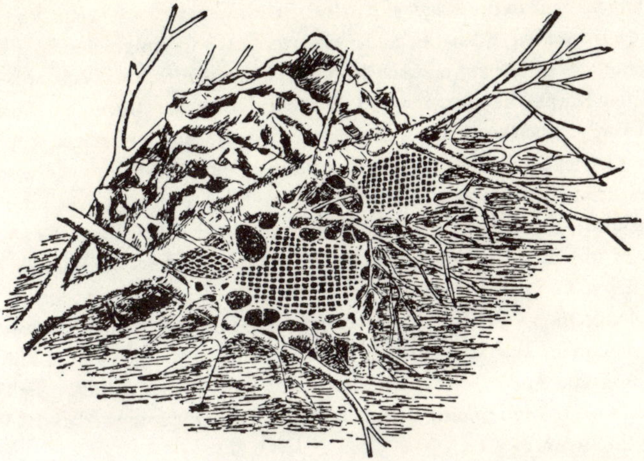

Abb. 65. Köcherfliege
Netzreusen der *Hydropsyche*-Larven zwischen Steinen und Ästen am Boden des Baches

Gespinstsäcke, in deren Inneren die bis zu 2 cm langen *Hydropsyche*-Larven leben, werden wir des öfteren zu Gesicht bekommen, wogegen die Netze leicht reißen und nur bei längerem Suchen zu finden sind. Die Hydropsychen füllen im Biotop des Fließwassers eine ähnliche Nische (s. S. 41) aus, wie auf dem Lande die Netzspinnen (im Fließwasser gibt es keine Spinnen!). Sie fertigen ein kunstvolles „Spinnennetz" an und ernähren sich von den Tierchen (und Pflanzenteilen), die, von der Strömung herbeigeführt, darin hängen bleiben.

Die *Rhyacophila*-Arten dagegen sind gefräßige Räuber — selbst in unserer Schüssel werden wir sie beim Raub überraschen können —, welche, ohne Netze zu spinnen, frei über die Steine kriechen und ihre Beutetiere suchen. Mit scharfen und starken Krallen halten sie sich dabei an kleinen Unebenheiten des Untergrundes fest und trotzen so der Strömung des Wassers.

Wiederum können wir in unserer Schüssel Beobachtungen über die Atmung anstellen. Nach einigen Stunden (wenn wir sie mit nach Hause nehmen: spätestens am nächsten Tage) sind die Larven ohne Köcher erstickt. Wie die Eintagsfliegenlarven sind sie an frisches Wasser gewöhnt und nicht für längere Zeit in der Lage, sich selbst Frischwasser zuzufächeln. Von den gehäusetragenden Köcherfliegenlarven werden wir einige finden, die in Atemnot ihren Köcher verlassen haben, um sauerstoffreiches Wasser besser an ihren Körper heranzulassen. Sehr viele der gehäusetragenden Formen aber werden auch nach vielen Stunden noch keine Atemnot zeigen, sondern lebhaft in der Schüssel umherkriechen. Obwohl diese Arten normalerweise in schnellströmendem, sauerstoffreichem Wasser leben, sind sie in ihrer Atmung nicht so verwöhnt wie die meisten anderen Bachbewohner. Denn ihre Kiemen (am Hinterleib) liegen ja im Inneren des Köchers, und da der Körper diesen Köcher ganz ausfüllt, vollzieht sich die Wassererneuerung nur sehr langsam, so daß sie dafür eingerichtet sind, mit wenig Frischwasser auszukommen. Wir können diese Larven daher auch nach Hause mitnehmen und ihre Aufzucht in einem (nur flach!) mit Wasser gefüllten Behälter versuchen: sie werden nicht ersticken, wenn wir dafür sorgen, daß das Wasser nicht zu warm wird.

Wenn sich die Larven verpuppen, wird der Köcher an beiden Enden verschlossen. Wir werden einen solchen Puppenköcher sicher auffinden: An einem Ende befindet sich eine durchlöcherte Membran. Nehmen wir ihn aus dem Wasser, so sehen wir, wie diese Membran in rhythmischen Abständen sichtbar ist und dann wieder von einem plötzlich austretenden dünnen Wasserhäutchen überdeckt wird: Die Köcherfliegenpuppe im Inneren des Köchers kann sich keine „Puppenruhe“ leisten — sie pumpt durch Heben und Senken des Körpers in regelmäßigen Abständen frisches Wasser durch ihr Gehäuse.

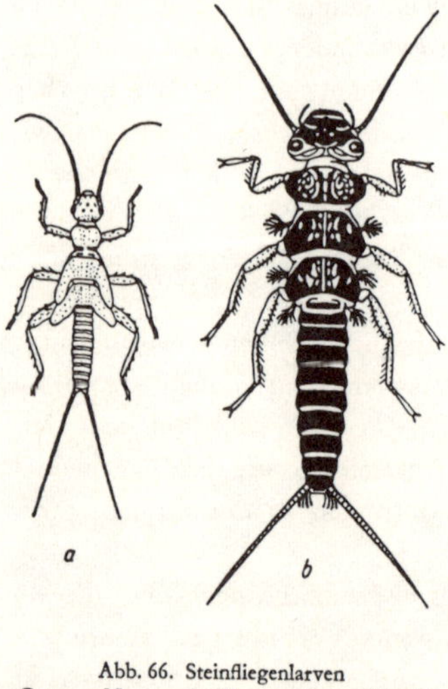

Abb. 66. Steinfliegenlarven
a Gattung *Nemoura* der Unterordnung *Filipalpia*,
b Gattung *Perla* der Unterordnung *Setipalpia*

Eine dritte Ordnung von Wasserinsekten, deren Larven wir mit Sicherheit an den untersuchten Steinen entdecken, sind die S t e i n f l i e g e n. Wir erkennen sie an den zwei Schwanzfäden am Ende des Hinterleibes, die stets kürzer als der Körper sind. Auch bei ihnen fallen uns zwei Typen auf. Einmal treffen wir kleine, höchstens 1 cm lange düsterbraune Formen (s. Abb. 66, a) der Unterordnung Filipalpia, welche von faulenden Pflanzenteilen und dem Algenbelag der Steine leben, zum anderen entdecken wir — nicht sehr häufig, aber in jedem Bach zu finden — die bis 3 cm langen, etwas abgeplatteten und lebhaft schwarzgelb und braungelb gescheckten Perliden (s. Abb. 66, b), welche gefräßige Räuber des Bachgrundes sind. Besondere Anpassungen an die Strömung finden wir bei diesen Larven nicht. Sie halten sich meist in Ritzen der Steine oder im Krautwerk der Wassermoose auf, wo die Strömung nicht mit voller Wucht auf sie trifft.

Auch einige kleine Käfer werden wir an den Steinen des Bachlaufes finden. Nur selten werden es die Vertreter der Schwimmkäferfamilie Dytiscidae sein, welche mit geschickten Ruderschlägen ihrer Beine durch das Wasser schwimmen. Viel häufiger leben in diesem Biotop die kleinen Arten der Mooskäfer, welche zwei verschiedenen Familien angehören. Einmal sind es die Hakenkäfer (s. Abb. 67) der Familie Dryopidae (2—3 mm lange, schwarze Tiere), welche mit ihren langen Beinen unbeholfen am Boden unserer Schüssel Halt suchen, zum anderen sind es die ebenso kleinen, aber schmalen, braun gefärbten Kolbenwasserkäfer der Gattungen *Helophorus* und *Hydraena*.

An den Hakenkäfern bemerken wir eine Methode der Anpassung an die Strömung, die wir schon bei der Köcherfliegengattung *Rhyacophila* kennenlernten: die Beine sind mit ungewöhnlich langen, hakenartigen Klauen ausgestattet (s. Abb. 67), mit denen sich die Tierchen an Moosblättchen und Gesteinsunebenheiten festklammern können. Über die Atmung dieser Käfer belehrt uns eine merkwürdige Beobachtung. Wir werden sehen, daß die Tiere an ihrer Hinterleibsspitze eine silbrige Luftblase tragen, welche so groß sein kann, daß ihre Auftriebskraft den Körper des Insektes bis an die Wasseroberfläche trägt. Die Atemöffnungen dieser Käfer liegen auf dem Hinterleib und entnehmen

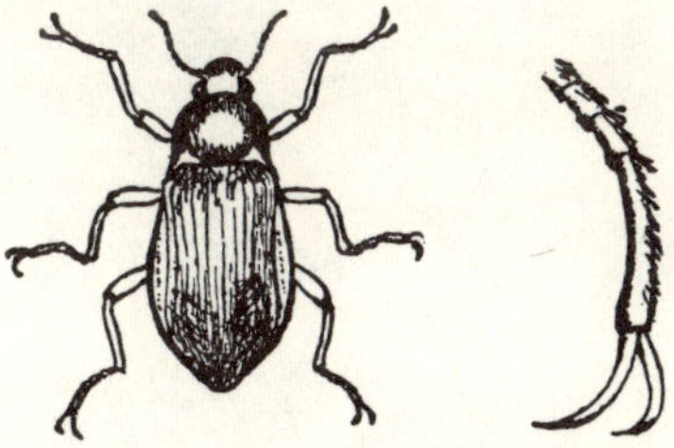

Abb. 67. Hakenkäfer
Ein Vertreter der Gattung *Latbelmis*, rechts: Fußspitze stärker vergrößert

den Sauerstoff einem Luftvorrat, der sich dort unter den Flügeldecken und auf der Unterseite des Hinterleibs (als silbrige Schicht deutlich sichtbar) befindet. Die Luftblase wirkt als „physikalische Kieme“, d. h. die verbrauchte Luft tauscht sich von selbst mit den frischen, im Wasser gelösten Gasen aus, so daß diese Tierchen stets eine atembare Atmosphäre mit sich herumtragen. Sie sind deshalb auch keiner Atemnot ausgesetzt und können in Behältern mit stehendem Wasser gehalten werden.

Auch die 1 cm lange, asselförmige, braune Larve des Käfers *Helodes* wird uns in unserer Schüssel auffallen. Auch sie läßt sich von Zeit zu Zeit mit Hilfe ihrer Luftblase an der Hinterleibsspitze an die Wasseroberfläche tragen und sinkt, wenn sich die Blase dort löst, wieder auf den Grund zurück.

Aus der Ordnung der Wanzen werden wir im Wasser und an den Steinen nur selten einen Vertreter finden. Es gibt zwar eine im Fließwasser lebende, etwa 1 cm große und stark abgeplattete Form (*Aphelocheirus*), aber wir werden sie nur bei besonderem Jagdglück auffinden. Dagegen sehen wir auf dem Wasser unseres Baches, besonders dort, wo die Strömung in stillen Kolken und Buchten geringer ist, mit Sicherheit einige Exemplare des schwarzen, am Hinterleib rotgetupften Wasserläufers *Velia* (s. Abb. 68). Seine Fußspitzen sind mit einem dichten Haarfilz bedeckt, der sie unbenetzbar macht (s. Abb. 68). So drücken sie das Oberflächenhäut-

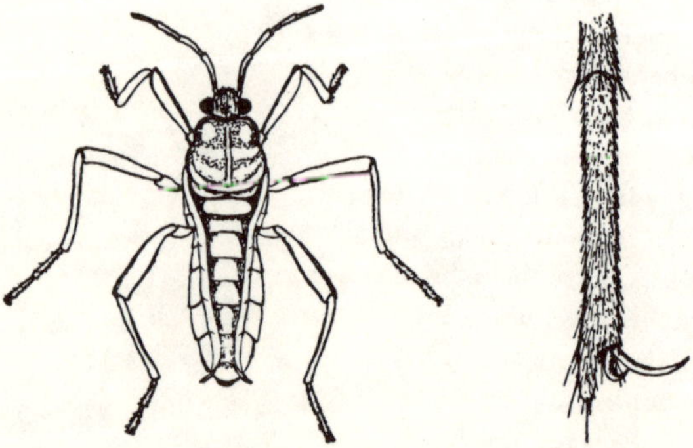

Abb. 68. Bachläufer
Der gemeine Bachläufer *Velia currens*, rechts: Fußspitze stärker vergrößert

chen des Wassers ein wenig nieder (wir sehen diese Vertiefungen der Wasseroberfläche im Spiel der Schatten, wenn die Sonne auf den Bach scheint!), sinken aber nicht ein, sondern bewegen sich ähnlich wie Schlittschuhläufer ruckartig gleitend auf der Oberfläche. Ihre Nahrung sind auf das Wasser gefallene Insekten, welche ausgesaugt werden.

Die letzte Gruppe von Insekten schließlich, die wir in dem so reich besiedelten Lebensraum des Baches antreffen, ist die der Zweiflügler. Ihre Larven sind sehr verschiedenartig gestaltet, und wir können nur einige besonders häufige und auffallende Formen näher behandeln. Gemeinsam ist ihnen allen, daß sie keine echten Beine haben.

An Stellen unseres Baches, wo der Wasserstand nur gering ist, vor allem direkt am Ufer, werden wir zwischen den Steinen gelegentlich eine bis zu 5 cm lange, graue, fußlose Larve finden, an deren in deutliche Segmente aufgeteiltem Körper uns vorn die schwarzen Mundhaken und am Hinterende eine spreizbare Rosette von dunklen Chitinspangen (die „Teufelsmaske") auffallen. Nehmen wir ein solches Tier in die Hand, so zieht sich sein Körper um 1—2 cm zusammen und wird durch den Druck der Körperflüssigkeit zu einer starren Wurst. Es handelt sich bei diesen auffallenden Wesen um die Larven der Kohlschnaken (*Tipula*).

Auf jedem von strömendem Wasser überspülten Stein werden wir auf einige der bis zu einem Zentimeter großen Kriebelmückenlarven *Simulium* stoßen (s. Abb. 69). Diese Tiere werden sich in unserer Schüssel an den Rand setzen, und wir können beobachten, wie sie ihre Fächerarme (Prämandibeln) ausbreiten, mit deren Reusenhaaren sie im strömenden Wasser Schlamm- und Pflanzenteilchen auffangen, von denen sie sich ernähren. Wenn wir versuchen, eins der Tiere vom Untergrund zu lösen, so werden wir bemerken, daß es recht fest daran haftet. Das hintere Körperende bildet

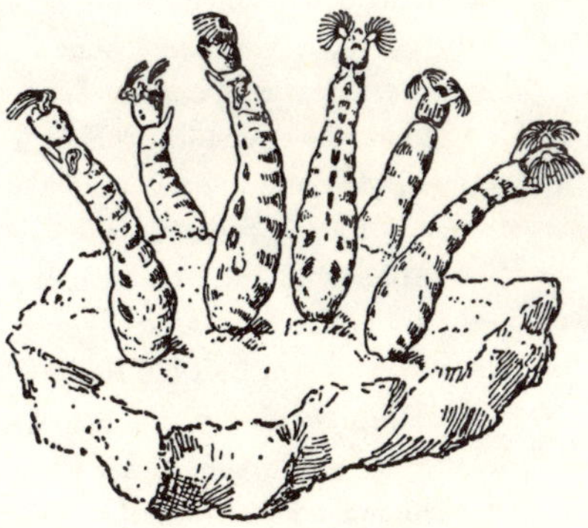

Abb. 69. Kriebelmücken
Eine Gesellschaft von Larven der Gattung *Simulium* auf einem Stein am Bachboden (aus Huet)

einen Saugnapf, mit dem die Larven sich an der Unterlage festhalten. Wir lernen so bei den Simulien eine neue Form der Anpassung an die Strömung kennen: die Festheftung mittels Saugnäpfen, für die es bei den im Wasser lebenden Fliegenlarven mehrere Beispiele gibt. Auch diese Tiere stellen sehr hohe Ansprüche an den Sauerstoffreichtum des Wassers und werden sich in unserer Schüssel nur kurze Zeit am Leben halten können. In Fließgewässern treten sie oft in großen Mengen auf, und da ihre Imagines Blut saugen, hat ihr Massenauftreten manchmal schon zu Verlusten an Weidevieh geführt.

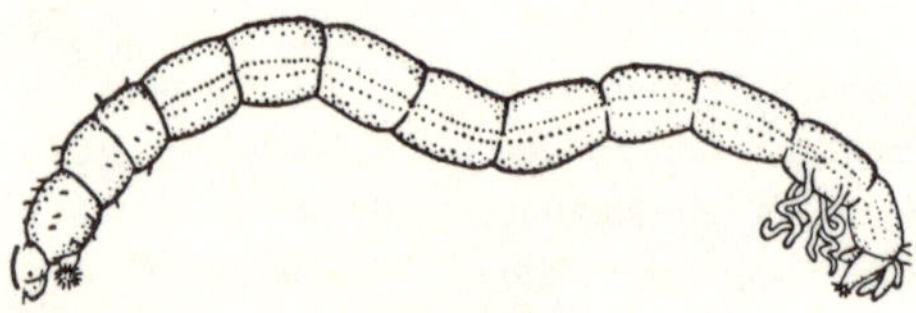

Abb. 70. Zuckmücken
Larve der Gattung *Chironomus* mit blutrotem Körper (aus Huet)

Ebenfalls zu den Zweiflüglern gehören die Larven einer Insektenfamilie, mit denen wir uns zum Abschluß beschäftigen wollen: die Zuckmückenlarven (Chironomidae) (s. Abb. 70). Die wurmförmigen, wenige Millimeter bis 1½ Zentimeter langen Larven dieser Mückenfamilie leben in Hunderten von Arten in den Gewässern unserer Heimat. Auch in dem von uns untersuchten Bach werden wir zweifellos einige von ihnen auf den Steinen antreffen. Die einzelnen Arten sind sich recht ähnlich, so daß wir sie nur ganz grob an der Farbe unterscheiden können: wir sehen weiße, grünliche und blutrot gefärbte Formen. Viele von ihnen bauen sich lockere Gespinste und Röhren, aber davon werden wir in unserer Schüssel kaum etwas sehen, denn diese Gebilde werden meist zerstört, wenn wir die Tiere vom Stein ablösen. Dafür sehen wir, wie die Larven schwimmen. Sie kringeln ihren Körper zusammen, strecken ihn dann ruckartig wieder und schnellen so durch das Wasser. Die roten Arten sind im wahren Sinne des Wortes „blutrot“, denn sie haben — ein bei Insekten sehr seltener Fall — den gleichen roten Farbstoff, der auch unserem Blut die Farbe gibt.

Wahrscheinlich werden wir neben den Chironomidenlarven in unserer Schüssel auch einige Puppen dieser Familie finden (s. Abb. 71). Wenn diese Puppen tiefbraun oder schwärzlich gefärbt sind und an der Wasseroberfläche hängen, werden wir bei einiger Geduld beobachten können, wie die Imagines aus ihnen schlüpfen. Wir müssen dabei scharf aufpassen, wenn

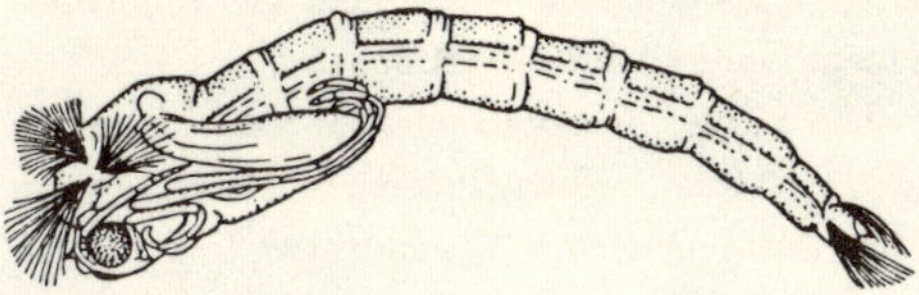

Abb. 71. Zuckmücken
Puppe der Gattung *Chironomus*
(aus Huet)

wir den Vorgang miterleben wollen, denn es dauert kaum eine Sekunde, bis der Vollkerf geschlüpft ist und wegfliegt. Warum der Schlüpfakt wohl so eilig abläuft? Auch dies ist eine Anpassung an die Wasserströmung im Bache, denn wenn die schlüpfreifen Puppen vom Grunde des Gewässers aufsteigen, so müssen sie sich an der Wasseroberfläche blitzschnell häuten, und die Imago muß in Sekundenschnelle davonfliegen, damit sie nicht von der nächsten Welle überspült wird.

Wir haben nun die Insekten der Lebensgemeinschaft „Bergbach" kennengelernt und sind in den Stunden, die wir dort bei der Betrachtung des wimmelnden Inhalts unserer Schüssel verbrachten, mit einer Vielfalt von Arten vertraut geworden. Meist handelte es sich um Larven von Insekten. Die Imagines dieser Arten können wir am Ufer unseres Baches finden — sie leben ja nicht mehr im Wasser und steigen höchstens zur Eiablage wieder in das feuchte Element. Um aber zu wissen, welche der zahlreichen geflügelten Insekten des Bachufers zu unseren Larven gehören, wollen wir schließlich die Aufzucht einiger Formen versuchen. Daß die Larven größtenteils in stehendem Wasser absterben und sich deshalb in unseren Zuchtgefäßen nicht halten lassen, wissen wir schon. Es bleibt uns daher nichts anderes übrig, als den Bach selbst zu unserem Aquarium zu machen.

Wir stellen uns zu diesem Zweck einige Behälter aus Fliegengaze her. Wir brauchen dazu nur einen etwa 20 × 30 cm großen Streifen Gaze zu nehmen, aus dem wir eine Röhre von 8—10 cm Durchmesser biegen (die Ränder vernähen wir mit starkem Zwirn). Diese Käfige stülpen wir über einen Stein entsprechender Größe im Bache und drücken den unteren Rand fest in den Boden. Der obere Teil des Behälters muß dabei mindestens 10 cm weit aus dem Wasser herausragen.

In einen dieser Käfige bringen wir mehrere große Eintagsfliegenlarven, in einen anderen Steinfliegenlarven und in einen dritten Köcherfliegen (Larven oder Puppen), die wir vorsichtig auf den Stein setzen. Dann verschließen wir die obere Öffnung des Käfigs mit einem Stück Tuch, das mit einem Gummiband befestigt wird.

Die Larven leben so in ihrer natürlichen Umgebung weiter; sie können aber den Käfig nicht verlassen, und nach einigen Tagen oder spätestens Wochen werden wir die geschlüpften Imagines im oberen Teil des Behälters vorfinden. Wir wissen nun, wie die Vollkerfe der Eintagsfliegen, der Steinfliegen und der Köcherfliegen aussehen und können sie, auch wenn wir sie am Gewässerrand fliegen sehen, leicht wiedererkennen.

Vergleichen wir zum Abschluß die Insektenwelt des Baches mit der eines Teiches, die wir ja früher (s. S. 69) bereits kennenlernten.

Hier wie dort fanden wir zahlreiche Arten; viele Ordnungen der Wasserinsekten haben in beiden Biotopen ihre Vertreter. Trotzdem aber ist kaum eine Art beiden Lebensbereichen gemeinsam. Die Strömung schafft im Bach ganz besondere Verhältnisse, und nur Arten, die sich der Wasserbewegung auf irgendeine Art angepaßt haben, können hier leben. Im Teich dagegen bietet die Atmung den Besiedlern Schwierigkeiten, und nur Arten, die sich dieser Besonderheit anpassen können, finden wir im stehenden Wasser. Unsere Bachtiere, die vom ständig sich erneuernden Frischwasser verwöhnt sind, müßten dort jämmerlich eingehen.

Was uns diese beiden Lebensräume zeigen, gilt für alle anderen Biotope, wenn wir es auch nicht immer so deutlich wie im Wasser beobachten können. Auch die Bewohner des Kuhdungs (s. S. 80) können nur deshalb dort existieren, weil sie den ganz besonderen Faktoren dieses Lebensraumes angepaßt sind. Zum Beispiel müssen ihre Verdauungsorgane in der Lage sein, in den schon verdauten Stoffen der Exkremente noch einmal die letzten Reste nahrhafter Substanz aufzuschließen. Auch im äußeren Körperbau finden wir bei Insekten in allen Biotopen besondere Anpassungen. So sind die Vorderbeine des Totengräbers verbreitert und der Aufgabe, im Erdreich zu wühlen, angepaßt, und ohne ihren Legebohrer könnte die Schlupfwespe ihre Eier niemals in die Larven im Inneren des Buchenstammes legen.

So können wir am Ende unserer Zuchten und Beobachtungen an Insekten vor allem zwei Dinge mit Staunen und Verwunderung feststellen: der Bau und die Funktion dieser Tiere sind den besonderen Lebensbedingungen ihrer Biotope auf das feinste angepaßt, und alle Arten sind mit den Instinkten ausgestattet, die sie mit Sicherheit in die Lebensräume führen, in denen diese Anpassungen wirksam werden.

6

WIR HALTEN UNS EINEN AMEISENSTAAT

Die vorangegangenen Kapitel dieses Buches haben uns mit der Lebensweise von Insekten vertraut gemacht, welche als Einzelgänger in ihren Lebensräumen auftreten, d. h. in ihrem Dasein nur mit sich und ihren Nachkommen beschäftigt waren und allen übrigen Artgenossen lediglich als Konkurrenten im Kampf ums Dasein entgegentraten.

Ihnen stehen die „sozialen" Insekten gegenüber — die Bienen, Wespen, Termiten und Ameisen —, deren merkwürdiges und auf den ersten Blick so menschenähnliches Zusammenleben in „Staaten" zu den erstaunlichsten Erscheinungen des Tierlebens gehört und seit alters her die Wissenschaftler, aber auch die Philosophen und Dichter beschäftigt hat. Ein solches Staatswesen beobachten zu können, bei der Gründung einer solchen Kolonie und bei ihrem allmählichen Anwachsen zusehen zu dürfen und das Leben des Ganzen wie der Teile verfolgen zu können, müßte ein Erlebnis sein, wie wir es uns als Krönung und Abschluß unserer Forschungsreise durch die Insektenwelt nicht schöner vorstellen können. Wir wollen uns deshalb einen Ameisenstaat halten, wollen ein ganzes Ameisenvolk zu Hause in unserem Beobachtungsgefäß heranwachsen lassen, um uns nicht mit dem begnügen zu müssen, was wir von der Tätigkeit dieser Tiere außerhalb ihres Nestes in der freien Natur zufällig hier und dort einmal sehen können.

Als Zuchtgefäße und Aufenthaltsräume für Ameisenstaaten — als sogenannte „Formikarien" — benutzte man früher meist komplizierte künstliche Nester, die aus einer mit Vertiefungen versehenen, von einer Glasscheibe bedeckten Gipsplatte bestanden. Wir werden auf eine solche Vorrichtung verzichten und uns wie bei fast allen unseren Zuchten mit einem Marmeladen- oder Einmach-Glas begnügen. Durch einige kleine Vorbereitungen werden wir aus diesem Glasgefäß ein Formikar schaffen, in dem wir bequem Jahre hindurch Ameisen halten und beobachten können.

Zunächst bringen wir das als Formikar vorgesehene Gefäß zu einem Glaser und lassen von ihm in 1 cm Höhe über dem Boden ein etwa 1 cm großes Loch in die Glaswand bohren. Dies Loch wird dann mit einem passenden Korken verstopft und gut abgedichtet. (Wir werden es erst später, wenn unsere Ameisenkolonie größer geworden ist, gebrauchen, dann aber könnte die Bohrung nicht mehr vorgenommen werden, ohne den Staat empfindlich zu stören.) Weiterhin kaufen wir in einer Drogerie feinen, schwefelfreien Gips (sogen. Alabastergips), rühren ihn mit Wasser zu einem dicken Brei an und gießen damit den Boden des Gefäßes bis zum unteren Rand der Bohrung — also etwa 1 cm hoch — aus. In die noch feuchte Gipsmasse stecken wir senkrecht ein ca. 1 cm weites und 5 cm hohes Glasröhrchen (z. B. eine Medizinröhre mit abgesprengtem Boden) — unser „Wasserrohr". Es wird verkorkt, und damit ist unser Formikar nach wenigen Stunden, wenn der Gips hart geworden ist, eigentlich bereits fertig. Wir wollen jetzt schon dafür sorgen, daß seine späteren Bewohner nicht an den Wänden hochklettern und so aus dem Behälter entkommen können. Zu diesem Zweck wird die Innenseite des Glases etwa 3 cm über dem Boden beginnend bis zum oberen Rande mit Paraffinöl eingepinselt. Die so behandelte Glaswand überzieht sich mit einer feinen, völlig glatten Paraffinschicht, an der die Krallen der Ameisenfüße keinen Halt finden und die so zu einem unübersteigbaren Hindernis für sie wird. Das Gefäß wird nun mit einer Glasscheibe abgedeckt, die auf einigen Korkscheibchen ruht, oder mit einem für die Luftzufuhr durchbohrten Deckel verschlossen. Schließlich wird ein dunkles Tuch bereit gelegt, mit dem das ganze Formikar zugedeckt werden kann.

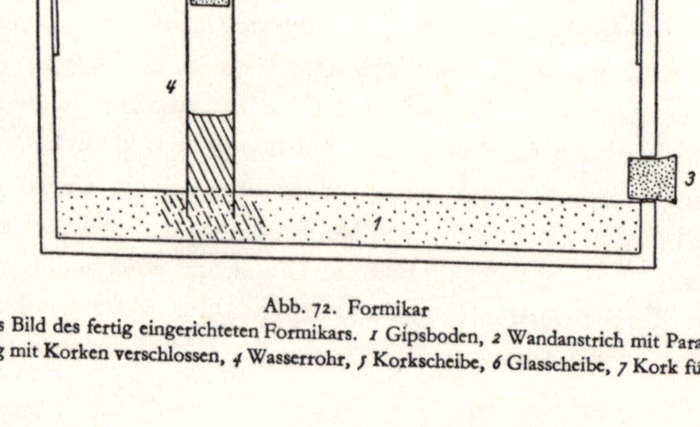

Abb. 72. Formikar
Schematisches Bild des fertig eingerichteten Formikars. 1 Gipsboden, 2 Wandanstrich mit Paraffinöl, 3 seitliche Bohrung mit Korken verschlossen, 4 Wasserrohr, 5 Korkscheibe, 6 Glasscheibe, 7 Kork für Wasserrohr

Damit sind wir vorläufig am Ende unserer Vorbereitungen. (Das fertige Formikar zeigt die Abb. 72.)

Unser künstliches Ameisennest erscheint recht bescheiden und unvollkommen im Vergleich zu dem, was wir von dem natürlichen Lebensraum der Ameisen wissen. Keine verborgenen Gänge im Inneren von Erde oder Holz sind vorhanden, es fehlt jeder Pflanzenwuchs, zwischen dem die Tierchen auf der Nahrungssuche umherlaufen könnten, und keine Tannennadel, kein Sandkörnchen kann von ihnen zum Nestbau herangeschafft werden: auf dem nackten Gipsfußboden des Glasgefäßes, von allen Seiten unserer Beobachtung zugänglich, muß sich das ganze Leben des Staates abspielen. Aber dieses nach unseren Begriffen so ungemütliche Gefängnis reicht doch völlig aus für das offenbar ganz ungestörte Gedeihen einer Ameisenkolonie — jahrelang können wir sie darin halten, und unsere Beobachtung wird uns bald lehren, daß den Tieren bei richtiger Pflege nichts zum Leben fehlt.

Wir sehen daran, daß die Ameisen Lebewesen sind, die von der meist sehr engen Bindung an spezielle Lebensräume, welche wir bei anderen Kerbtierarten kennengelernt hatten, weitgehend frei sind. Ihr Zusammenleben in einem Staatsgebilde gibt ihnen die Fähigkeit, sich den verschiedensten Bedingungen anzupassen und die engen Biotopgrenzen, welche fast alle anderen Insektenarten einengen, zu sprengen. Tatsächlich findet man in der freien Natur die Nester der gleichen Ameisenart manchmal in Baumstümpfen, manchmal im Inneren des Erdbodens, aber auch unter Steinen oder in den schmalen Ritzen eines Straßenpflasters — kurzum einfach überall, wo ihnen das Feld nicht durch andere, stärkere Arten streitig gemacht wird.

Es ist oft behauptet worden, daß — wenn nicht der Mensch diese Erde bewohnen würde — die Ameisen die eigentlichen Herren der Welt wären. Ihre Freizügigkeit in der Wahl ihres Wohnortes ist einer der Züge, durch die sie tatsächlich dem Menschen ein wenig ähneln. Denn auch der Mensch war wohl ursprünglich ein Lebewesen, das nur in einem bestimmten, eng umgrenzten Biotop leben konnte (der Neandertaler z. B. in den Höhlen einer offenen Landschaft mit gemäßigtem Klima). Heute aber, wo ihm die Einrichtungen der Zivilisation zu Gebote stehen, kann er sowohl im tropischen Urwald in einem künstlich gekühlten Haus wie in der Eiswüste der Polarzone im Schutze eines wärmenden Ofens existieren und ist so nicht mehr an einen engen Biotop gebunden.

Wie sehr die Ameisen das Loskommen von engen Lebensraumgrenzen tatsächlich ihrer Staatsorganisation verdanken, wird uns erst richtig klar, wenn wir erfahren, daß sie „eigentlich" gar nicht in das rauhe Klima unserer Heimat gehören. Ursprünglich waren sie im feuchten, schattigen Walddickicht der immerwarmen Zonen, wo sie im tropischen Dschungel ihre Nester in Baumkronen anlegen, und in den warmen Savannen der Subtropen zu Hause.

Wärme und Feuchtigkeit, das sind die beiden (abiotischen) Faktoren, welche für das Gedeihen einer Ameisenkolonie unerläßlich sind. Wenn außerdem genug Nahrung vorhanden ist und die natürlichen Feinde nicht zu zahlreich sind (biotische Faktoren), so sind alle Voraussetzungen für das Ameisenleben gegeben, und alles andere — Dunkelheit, Erdhöhlen, Sandkörnchen und Grashalme — ist nebensächlich.

Wärme und Feuchtigkeit! Ein großer Teil der rastlosen Tätigkeit der Ameisen, von der wohl jeder schon irgendwo in einem Buche gelesen hat, und von der wir uns später auch in unserem Formikar überzeugen wollen, dient während ihres Lebens im natürlichen Nest diesen beiden Lebensbedingungen. Wenn die Mittagshitze die oberen Schichten des Erdnestes austrocknet, so werden die Eier, Larven und Puppen von endlosen Trägerkolonnen in die feuchte Zone der unteren Nestteile geschafft. Und wenn sich nachts die Temperatur senkt, so werden sie durch die langen, unterirdischen Gänge wieder emporgetragen in wärmere Nestabschnitte, z. B. an die Unterseite eines großen Steines, in dem noch etwas von der Sonnenwärme des Tages aufgespeichert ist. An sonnigen Wegrändern findet sich der Nesteingang unserer schwarzgrauen Wegameise *Lasius*, die Gänge reichen bis tief in die feuchte Kühle des Erdbodens, und während des ganzen Sommers wird sich irgendwo in diesem Nest — zwischen trockener Wärme der Oberfläche und kühler Feuchte der Tiefe — eine Zone finden, die der empfindlichen Brut angepaßt ist. Legt die *Lasius*-Kolonie aber ihr Nest im schattigen Urwald der Grashalme einer Wiese an, so wölben die Tiere bald einen kunstvollen Bau aus Erdteilchen wie einen Maulwurfshügel über die Gräserspitzen, damit die kostbare Wärme der Sonne eingefangen werden kann.

Gegen die Winterkälte sind freilich alle solche Vorkehrungen machtlos. Und so verfällt jeder Ameisenstaat bei uns in der kalten Jahreszeit in einen Dornröschenschlaf, aus dem erst die warmen Sonnenstrahlen des Frühlings die klammen, kältestarren Tierchen im Inneren der Erde wieder erwecken. An diese Winterruhe haben sich die Arten unserer Heimat gewöhnt — wir werden später bei unserer Kolonie sehen können, daß die Königin in den Wintermonaten die Eiablage einstellt, selbst wenn wir dem Formikar in einer warmen Stube die Winterkälte ersparen. Wenn wir unser Formikar mitten im Sommer für einige Tage in den Keller oder gar in den Eisschrank stellen (also einen „künstlichen Winter" herbeiführen), so werden die Ameisen und ihre Brut in dieser Zeit sogar einen zusätzlichen Winterschlaf abhalten, ohne daß es ihnen schaden wird.

Gegen Trockenheit dagegen sind die Ameisen zumeist sehr empfindlich, die notwendige Feuchtigkeit müssen wir ihnen daher in dem Formikar stets gewähren, damit die Kolonie gedeihen kann. Diese Feuchtigkeit ist auch der Grund für die einzige Inneneinrichtung des künstlichen Nestes: für den Gipsfußboden und das Wasserrohr. Die poröse Gipsmasse saugt wie ein feiner Schwamm allmählich die Feuchtigkeit aus dem Wasserrohr auf und gibt sie dann langsam durch Verdunstung wieder ab. Dabei ist es auf dem Gips in unmittelbarer Nähe des Wasserrohres natürlich feuchter als in weiterer Entfernung davon, und so können sich unsere Pfleglinge den Platz am Boden des Gefäßes aussuchen, der ihnen als Lagerplatz für die Brut am günstigsten erscheint.

Wir haben unser Formikar vorbereitet, haben auch verstanden, wieso seine einfache Form den Ansprüchen der Ameisen genügen wird, und wollen nun für den Einzug der Gäste sorgen. Am schönsten ist es natürlich, wenn wir unsere Kolonie von ihrer Gründung ab beobachten können und mit einer einzigen Ameisenmutter und zukünftigen Königin beginnen können. Dabei müssen wir uns allerdings mit etwas Geduld wappnen, denn die Koloniegründung unseres Beobachtungstieres wird fast ein Dreivierteljahr dauern, während dessen wir nicht allzuviel zu beobachten haben werden. Wir wollen aber trotz der langen Zeit, die sich die Ameisenmutter nimmt, auf dies Erlebnis nicht verzichten, zumal uns die Kolonie, die wir vom ersten Entstehen her mitverfolgen können, später sicher die liebste von allen unseren Ameisenstaaten sein wird.

Andererseits wollen wir natürlich schon möglichst bald das Leben einer größeren Kolonie beobachten, in der es bereits von zahlreichen Arbeiterinnen wimmelt. Wir werden daher am besten sogleich ein zweites Formikar vorbereiten, damit wir unseren beiden Wünschen gerecht werden können.

In der Besetzung des Formikars, in welchem die Koloniegründung durch ein einzelnes, befruchtetes Ameisenweibchen erfolgen soll, sind wir auf eine bestimmte Jahreszeit angewiesen: auf den Spätsommer. Die Art, welche sich ganz besonders für unser Vorhaben eignet, ist die bekannte Schwarzbraune Wegameise *Lasius niger*. Sie ist eine der häufigsten Arten unserer Heimat, und es gibt wohl kaum einen Feldweg, eine Wiese oder einen Garten, in dem wir ihre Arbeiterinnen nicht während des Sommers geschäftig bei der Arbeit antreffen. An einem warmen, schwülen Juli- oder Augusttage werden wir dann plötzlich überall auf den Wegen und Wiesen, selbst in den Straßen der Großstadt, die geflügelten, etwa 1 cm großen Weibchen umherlaufen sehen, — die vom Hochzeitsflug zurückgekehrt — als frischbefruchtete Stammütter auf der Suche nach einem geeigneten Platze zur Koloniegründung sind. Oft treten die Geschlechtstiere dieser Art plötzlich in solchen Mengen auf, daß man auf Wegen kaum gehen kann, ohne einige von ihnen zu zertreten; es gibt wohl keinen Naturfreund, dem diese auffallenden Tiere nicht eine geläufige Erscheinung sind. (Wer wirklich noch niemals geflügelte Ameisen gesehen hat, der beobachte zu dieser Jahreszeit den Nesteingang eines solchen Staates im Garten oder am Wegrand, oder hebe etwas von der oberen Nestschicht an einem warmen Julitage ab: er wird sicherlich auf die Geschlechtstiere stoßen und sie dann auch erkennen, wenn er sie nach dem Hochzeitsflug wiedertrifft.)

Die Flügel dienen nur dem Hochzeitsflug, durch den sich die Art verbreitet, und werden vom Weibchen schon bald danach, wenn es die Erde wieder erreicht hat, abgeworfen. Ein solches auf dem Wege umherlaufendes, bereits wieder flügelloses Tier nehmen wir vorsichtig auf und bringen es in einer Schachtel nach Hause mit, um es in unser Formikar einzusetzen. Das Formikar selbst bedecken wir mit einem dunklen Tuch und geben ihm einen stillen Platz in einem (ungeheizten!) Raum.

Von Zeit zu Zeit nehmen wir das Tuch ab, sehen nach unserem Gaste und achten vor allem darauf, daß das Wasserrohr stets mit Wasser gefüllt ist. Zu beobachten werden wir — wie schon erwähnt — zunächst noch nicht viel finden, aber wir haben uns ja Geduld vorgenommen und wollen warten! (Über das andere Formikar, das unseren Beobachtungshunger schneller stillt, wird gleich noch berichtet werden.)

Die befruchteten *Lasius*-Weibchen in der freien Natur haben nach einigen Tagen in emsigem Suchen einen geeigneten Platz für die Koloniegründung gefunden — eine kleine Erdritze, einen Hohlraum unter einem flachen Stein oder unter Baumrinde. Sie haben diesen Raum inzwischen nach allen Seiten mit Holz- und Erdteilchen abgedichtet, so daß sie nun in einer sicheren, selbstverschlossenen Gefängniszelle ruhen, welche sich erst im nächsten Frühjahr wieder öffnen wird. Unser Tier im Formikar wird die Suche nach einem solchen Platz bald einstellen, da ja das ganze Gefäß selbst eine sichere Zelle ist und Baumaterial zum weiteren Ausbau nicht zur Verfügung steht.

Nach etwa vier Wochen werden wir bemerken, daß unser Weibchen ein kleines Paket Eier abgelegt hat, welche sie nun ständig betreut, d. h. vor allem beleckt, um Schimmelbildung zu vermeiden. Zu füttern brauchen wir das Tier während dieser Zeit (und um es gleich vorwegzunehmen: bis in das nächste Frühjahr hinein) nicht; auch die *Lasius*-Weibchen, die draußen in der Natur ihre Nestkammern eingerichtet und säuberlich von innen zugemauert haben, sind ja von der Außenwelt abgeschnitten und leben so bis zum nächsten Frühjahr ohne Nahrung. Sie sind auf diese lange Fastenzeit eingerichtet, denn ihr Hinterleib ist prall mit Reservestoffen gefüllt und auch die mächtige Flügelmuskulatur, welche das Tier niemals wieder gebrauchen wird, zehrt sich in dieser Zeit langsam auf.

Nach einigen weiteren Wochen werden wir bemerken, daß aus einigen Eiern Larven geschlüpft sind. Es sind fußlose, weißliche Würmchen (also „Maden"), welche nun von der Mutter mit Speichelsaft gefüttert werden. Auch dieses Futter für ihre Brut muß die Mutter, ohne selbst Nahrung aufzunehmen, aus ihren Körperreserven bereitstellen, und nur gelegentlich werden wir bemerken können, daß sie einige ihrer Eier selbst auffrißt, damit ihre Kräfte für die Pflege der Brut ausreichen.

Schließlich, wenn die ältesten Larven etwa 3 mm groß sind, beginnen sie einen Gespinstkokon anzulegen — auch dabei hilft ihnen die Mutter —, in dessen Inneren sie sich verpuppen. (Die Ameisen sind wie alle Hautflügler Insekten mit vollkommener Verwandlung.) Wenn an einem Pol des Puppenkokons — des „Ameiseneies", wie diese Gespinste bei den Aquarienhändlern oft fälschlicherweise genannt werden — ein schwarzer Punkt auftritt, hat die Larve in seinem Innern den dunklen Kot aus dem Darm gestoßen und sich verpuppt. Inzwischen aber ist der Winter gekommen — das Formikar muß nun, wenn wir keinen ungeheizten Raum in der Wohnung haben, in den Keller, denn wir wollen die Bedingungen in der freien Natur möglichst nachahmen —, und in unserer Kolonie erstarrt alles Leben.

Sowie es aber im Freien und im Formikar wieder frühlingswarm wird, beginnt die Tätigkeit der Mutter von neuem. Weitere Eier werden abgelegt, weitere Larven verpuppen sich und schließlich schlüpfen auch die ersten Vollkerfe. Es sind winzige, nur etwa 2 mm große, zunächst gelbliche, nach ihrer Ausfärbung aber schwarz-braune Tierchen, die wir nun bald in ihrem Formikar umherlaufen sehen.

Bis zu diesem Zeitpunkt ist alles, was wir beobachteten, zwar erstaunlich gewesen, aber abgesehen von der Fastenleistung der Mutter war es doch nur ein Beispiel für Brutpflege und Brutfürsorge, wie es uns früher schon das Totengräberweibchen (s. S. 92) gezeigt hatte. Einen „Staat" können wir diese kleine Familie noch nicht nennen. Erst das, was anschließend geschieht, hebt die Ameisenfamilie zu einem Staat oder doch zu einer Familiengemeinschaft empor. Die kleinen Ameisen, die aus der Puppenhülle geschlüpft sind, haben keine Flügel und keine ausgebildeten Geschlechtsorgane: es sind verkümmerte, unterernährte Weibchen — Arbeiterinnen —, die weder die Fähigkeit noch den Ehrgeiz haben, selbst Nachkommen zu besitzen, sondern die ihr ganzes bis zu 6 Jahren währendes Leben in den Dienst ihrer Familie — genauer gesagt: in den Dienst an Mutter und Geschwistern — stellen. Sie haben allesamt also etwa die Aufgabe, die in einer kinderreichen Menschenfamilie oft der ältesten Tochter zufällt.

In der freien Natur verschaffen sich diese ersten Arbeiterinnen einen Ausgang aus der Nesthöhle und gehen auf Nahrungssuche. Aber wohlgemerkt: nicht auf Nahrungssuche für sich selbst, sondern vor allem für die Mutter (wir wollen sie von jetzt ab „Königin" nennen) und für die Brut. Die Hungerzeit in der jungen Kolonie hat nun ein Ende. Brut und Königin werden von den Arbeiterinnen gefüttert, und die Königin kann sich von ihren Brutpflegeleistungen immer mehr zurückziehen; sie legt nur noch Eier, deren weitere Pflege und Aufzucht sie ihren Erstgeborenen überlassen kann. Bis an ihr Lebensende reicht der Vorrat an männlichem Samen, den sie vom Hochzeitsflug her im Inneren ihres Körpers aufbewahrt, so daß sie also viele Jahre hindurch Tausende von Eiern legen kann.

Das gleiche werden wir im Formikar beobachten können, wenn wir im Frühjahr, nachdem die ersten Arbeiterinnen auftreten, für Nahrung in unserer Kolonie sorgen. Ein kleines Stückchen Obst, ein zerhackter Mehlwurm oder ein anderes in Stücke geteiltes Insekt wird gerne als Futter angenommen. Außerdem soll in einem Uhrschälchen am Boden des Formikars stets ein Tropfen mit Wasser verdünnten Honigs bereitstehen, denn auch dieser Nahrung bedürfen unsere Pfleglinge.

So wird sich die Kopfzahl unseres Ameisenstaates schnell vermehren, und erst, wenn sie 200 bis 300 erreicht hat, müssen wir uns um eine Platzerweiterung, um einen „Auslauf“ für die Tiere, bemühen, von dem wir später sprechen werden.

Jeden Tag wird uns, wenn wir das Tuch vom Formikar nehmen, das bunte Gewimmel der geschäftigen Tiere Gelegenheit in Fülle geben, ihre Gewohnheiten und rastlose Tätigkeit zu betrachten. (Das Licht stört die Tiere wenig, wie wir bald bemerken werden, aber die vollen Sonnenstrahlen sollen vom Formikar stets ferngehalten werden.)

Unsere Geduld — fast ein Dreivierteljahr mußten wir ja warten — ist so auf das schönste belohnt, und im übrigen ist die Zeit von einigen Monaten nicht lang, wenn wir bedenken, daß wir in dieser Spanne etwas miterleben konnten, das zu seiner allmählichen Herausbildung ursprünglich sicher viele Jahrtausende gedauert hat.

Denn so wie hier vor unseren Augen aus dem befruchteten Weibchen und seiner von ihm gepflegten Nachkommenschaft ein Staat entstand, so mag sich im Laufe der Erdgeschichte diese erstaunliche Eigenart bei den Hautflüglern allmählich herausgebildet haben: Zunächst gab es sicher nur die ausgeprägte Brutpflege des Muttertieres, wie sie uns auch der Totengräber (s. S. 92) zeigt, dann kam hinzu, daß die Jungtiere, bevor sie in die Welt hinauszogen, zunächst noch bei der Aufzucht der jüngeren Geschwister halfen. Schließlich entstanden die Staatengebilde, bei denen auf Jahre hinaus Jungtiere nur zur Aufzucht ihrer Geschwister dienen, bis endlich (bei *Lasius niger* etwa nach drei Jahren) unter diesen die ersten Geschlechtstiere auftreten, welche das Nest verlassen, um eine neue Kolonie zu gründen.

Haben wir unsere Kolonie nach einem Jahr bis zum Stande von einigen Dutzenden oder Hunderten von Arbeiterinnen neben der Königin gebracht, so haben wir das nachgeholt, was bei einem fertigen Staat unserer Beobachtung entgangen wäre. Mit einem solchen bereits fertigen Staat aber wollen wir ja unser zweites Formikar sofort besetzen, und dieser Aufgabe und unseren weiteren Pflichten soll sich die Schilderung nun zuwenden.

Unsere Ausrüstung beim Einsammeln eines solchen Staates besteht aus einem dichten Leinenbeutel und einem Löffel. Wenn wir bei einem Streifzug durch Felder und Wiesen auf einen großen, flach liegenden Stein stoßen, so drehen wir ihn um und stellen fest, ob sich an seiner Unterseite ein Ameisennest befindet. Schon bald werden wir Glück haben und beim Umdrehen eines solchen Steines eine Ameisenkolonie freilegen. Aufgeregt stürzen die Arbeiterinnen aus dem freigelegten Nest und versuchen uns anzugreifen oder die kostbare Brut in Sicherheit zu bringen. An einzelnen Stellen des Nestes sehen wir in ganzen Haufen die salzkorngroßen Eier, die milchiggläsernen Larven und die Puppen — je nach Art in Kokons oder auch als „Nacktpuppen".

Bei einem Ameisenstaat mit Nacktpuppen wollen wir etwas vorsichtig sein: es sind Knotenameisen (*Myrmicinae*), deren Arbeiterinnen stechen können. Die Arten mit Puppenkokons — Schuppenameisen (*Camponotinae*) — werden dagegen versuchen, uns mit ihren Kiefern zu beißen und Ameisensäure mit dem Hinterleib in die Wunde zu spritzen. Aber keine Angst: wir haben eine dicke Haut, viel zu dick für die Zangen der kleinen Tiere, und so wird ihr Angriff an unserem „Hautpanzer" zerschellen.

Schnell, aber behutsam schaffen wir mit unserem Löffel soviel von der Brut, wie wir erlangen können, und dazu einige Dutzend Arbeiterinnen in den bereitgehaltenen Leinenbeutel. Auch etwas Nestmaterial geben wir hinzu. Dazu kommen noch einige sperrige Aststückchen hinein, damit der Beutel nicht zusammengedrückt und der lebende Inhalt zerstört werden kann und schnell binden wir den Beutel mit einer Schnur fest zu, damit keine Arbeiterin mehr entweichen kann.

Unser besonderes Augenmerk wollen wir darauf richten, auch die Königin (oder, wie es bei manchen Arten der Fall ist, eine der Königinnen) im Nest zu entdecken und in unseren Beutel zu schaffen. Wir werden sie an dem größeren Körper und dem breiten Brustabschnitt erkennen. Mit der Königin zusammen (oder auch ohne sie, wenn es uns nicht gelang, sie aufzufinden) bringen wir unsere Arbeiterinnen und die Brut nach Hause. Dort wollen wir als erstes beobachten, wie unsere Gefangenen das vorbereitete Formikar beziehen und sich dort einrichten.

Der Korken aus der seitlichen Bohrung des Formikars wird entfernt und an seiner Stelle ein etwa 20 cm langer Gummischlauch 1 cm tief in die Öffnung gesteckt. Der Rand zwischen Gummischlauch und Bohrung wird gut abgedichtet. Damit hat nun das Formikar eine Türe, durch die der Einzug unserer Ameisen erfolgen kann.

Auf einem Tisch breiten wir ein großes Blatt Zeitungspapier aus und schütten darauf einen ringförmigen Wall von Gipsmehl. Die Tiere können diesen Staubwall nicht ersteigen und sind daher in der Gips-Arena gefangen. Wir können den Inhalt des Beutels daher vorsichtig auf dem Papier in der Mitte innerhalb des Ringwalles ausschütten. Ganz genau können wir nun sehen, wie die Arbeiterinnen — eine der kostbaren Larven oder Puppen zwischen den Kiefern — unablässig auf der Suche nach einem schützenden Winkel hin und her laufen. Die gröberen Teile des mitgebrachten Nestmaterials entfernen wir aus dem Kreis, damit die Ameisen nicht etwa beginnen, unter einem Blatt oder zwischen größeren Erdbrocken eine Notunterkunft anzulegen — und die verzweifelte Suche unserer Gefangenen nach einem Fluchtweg aus der hellen und trockenen Atmosphäre des Gipskreises beginnt von neuem.

Einen solchen Fluchtweg — nämlich den in unser abgedunkeltes und durch das gefüllte Wasserrohr angenehm feuchtes Formikar — bieten wir ihnen jetzt an, indem wir den Gummischlauch, der in das Glasnest führt über den Ringwall ins Innere der Gips-Arena legen. (Dort wo der Schlauch aufliegt, müssen wir den Wall natürlich durch weiteres Gipsmehl erhöhen, damit die Ameisen nicht auf der Außenseite des Schlauches aus der Arena entkommen können!)

Wir wollen nun eine Stunde lang beobachten, was geschieht! (Gelingt es dabei einer Arbeiterin doch, den Wall zu übersteigen, so setzen wir sie mit einer Pinzette vorsichtig wieder zurück.) Bald haben einige Kundschafter den einzigen Ausweg aus dem Kreise entdeckt und zugleich damit den Eingang zum einladend dunklen und feuchten Formikar. Nun kommt System in das bisher so sinnlose und ergebnislose Umherlaufen der Tierchen. Mit den Larven und Puppen zwischen den Kiefern verschwinden sie im Gum-

Abb. 73. Transport von Nestgefährten
oben: Tragweise der Drüsenameisen, unten: Tragweise der Schuppenameisen

mischlauch, und ohne ihre Traglast kommen sie wieder daraus hervor, um eine neue Larve zu ergreifen und fortzutragen.

Auch die Königin zieht um, freiwillig oder gestoßen und gezerrt von ihrem Volk. Wenn aber eine Arbeiterin — wer mag wissen aus welchem Grunde — nicht selbst den Weg in den Schlauch antreten will, so kommt eine andere, eifrigere Kollegin, hebt sie auf und schleppt sie in das neue Nest (s. Abb. 73).

Das dunkle Tuch über dem Formikar dürfen wir ruhig ein wenig lüften und nachsehen, was inzwischen im neubezogenen Nest vor sich geht. Da sehen wir die Arbeiterinnen mit ihrer Traglast aus dem Gummirohr kommen, sehen, wie sie sich ohne Zögern an eine Stelle des Gipsfußbodens wenden und dort ihre Fracht niederlegen. Bald schon liegen dort alle Puppen zusammen, an einer anderen Stelle die Larven und die Eier, Wächterinnen beziehen ihren Posten neben der Brut, und die Königin — begleitet von einem Teil ihres Volkes — inspiziert ihr neues Königreich.

Draußen im „Auslauf" unserer Ameisen — in der Gipsarena — stellen wir nach Beendigung des Umzuges Futter bereit: zerhackte Mehlwürmer oder Fliegen, ein Stück Obst und einige Tropfen Honigwasser auf einer Glasscheibe. Allmählich legt sich die Aufregung in unserer Kolonie und das normale Leben nimmt seinen Verlauf, wie wir es nun den ganzen Sommer hindurch beobachten können.

Natürlich kann man an Stelle des Gipswalles nun einen etwas komfortableren Auslauf herstellen, z. B. einen Raupenkäfig (s. Abb. 33), oder ein zweites Glasgefäß dazu ausbauen. Es muß nur darauf geachtet werden, daß keine Ameise daraus entkommen kann, damit nicht eines Tages unser ganzes Zimmer zum Auslauf der Kolonie wird. Den Raupenkäfig müssen wir sorgfältig abdichten, ein Einmachglas oder Aquarium aber, in das wir den Schlauch — am besten wieder mit einer seitlichen Bohrung über dem Boden — führen, muß an der Innenseite wie das Formikar mit Paraffinöl ausgepinselt werden, damit die Wände unersteigbar sind. Wichtig ist dann vor allem noch, daß dieser Auslauf Licht bekommt und trocken bleibt (abgesehen vom Honigwasser) und nicht etwa durch feuchte Erde oder Ähnliches so anziehend für die Ameisen wird, daß sie eines Tages ein zweites Mal umziehen und ihr Nest in irgendeinen verborgenen Winkel des Auslaufes zurückverlegen. Wir bedecken daher den Boden des Auslaufes am besten mit einer Schicht trockenen Seesandes (Aquariensand).

Wenn wir außer für Futter und Honigwasser im Auslauf für ständige Füllung des Wasserrohres im Formikar sorgen, so ist unsere Kolonie nun lebensfähig, solange Brut vorhanden ist. Das heißt: haben wir unter unseren Gefangenen keine Königin, so können wir wenigstens für einige Wochen das fast ungestörte Leben des Volkes betrachten — ist aber auch eine Stammutter vorhanden, so können wir damit rechnen, jahrelang die nur von der Winterruhe unterbrochene Aufzucht der Jungen und das Wachsen und Gedeihen des Staates zu überwachen. Wenn der Staat soweit zunimmt, daß das Gedränge im Formikar beängstigend wird, so müssen wir natürlich auch für weitere Nesträume sorgen. Das ist nicht schwer, denn wir brauchen dazu nur ein weiteres Formikar bezugsfähig zu machen (mit zwei seitlichen Bohrungen) und es dann mit Gummischläuchen zwischen das erste und den Auslauf einzuschalten. Überhaupt sind der Bastelleidenschaft für den Ameisenhalter keine Grenzen gesetzt. Man kann mehrere Formikarien zusammenschließen und mehrere Ausläufe daranhängen, kann statt mit dem Gummischlauch mit gegabelten und verzweigten Glasröhren den Weg der Arbeiterinnen bestimmen und ihnen dabei Ausläufe, Nestkammern, Wassertröge, Futterplätze anbieten und schaffen soviel man nur will. Je größer das Nestsystem wird und je variabler die Bedingungen in den einzelnen Gefäßen, um so mehr können die Ameisen sich nach ihren Bedürfnissen darin ausbreiten, und um so größer wird die Kolonie werden.

Es soll hier nicht aufgezählt werden, was alles in unserem Formikar und im Auslauf zu sehen sein wird. Unzählige Bücher sind bereits geschrieben worden über das Leben der Ameisen *, und unser künstliches Nest wird uns ganz von allein alles Wichtige aus dem Dasein dieser Tiere lehren.

Abb. 74. Eine Arbeiterin füttert ihre Nestgefährtin

Nur einige Dinge wollen wir hier noch erwähnen, mit denen unsere Beobachtung beginnen soll.

* Besonders hingewiesen sei hier auf die beiden Kosmos-Bändchen „Unsere Ameisen" (I und II) von Prof. Gößwald, in denen sich auch eine Anleitung zum Bestimmen der Tiere findet.

Die Königin wird den Auslauf nie betreten, und auch einige Arbeiterinnen, deren besondere Aufgaben im Nest wir bald bemerken werden, gehen nie selbst auf Futtersuche. Wie werden sie ernährt? Es wird uns gewiß hin und wieder gelingen zu beobachten, wie sie von ihren Kolleginnen vom „Außendienst" gefüttert werden: ein Beklopfen und Streicheln des Kopfes eines solchen Futterbringers mit Fühlern und Vorderbeinen, ein Aufrichten des Körpers — und schon wandert ein Nahrungstropfen von Mund zu Mund (s. Abb. 74).

Und noch eine Frage taucht auf: es wurde gesagt, daß unsere Ameisen als Nahrung auch Honigwasser benötigen. Wo aber bekommen sie das draußen in der Natur her? Sie saugen doch nicht Blütenhonig wie die Bienen! Des Rätsels Lösung sind die Blattläuse, die „Milchkühe" der Ameisen. Stellen wir in unseren Auslauf eine Vase (abdichten, damit die Ameisen

Abb. 75. Ameise beim Melken einer Blattlaus

nicht ertrinken!) mit einem Pflanzenzweig, der von Blattläusen befallen ist, so können wir sehen, daß die Ameisen diese zarten Tiere keineswegs angreifen und verzehren, sondern sie sehr schonend behandeln und mit den Fühlern beklopfen. Es tritt darauf ein klarer Tropfen am Hinterleib der Blattlaus aus, der begierig von der Ameise aufgenommen wird. (Eine die Blattlaus auf diese Weise melkende Ameise zeigt die Abbildung 75). Der zuckerhaltige Kot der Blattläuse — der „Honigtau", wie die Gärtner ihn nennen, wenn er als klebrig-süße Schicht die Blätter befallener Sträucher überzieht — ist der natürliche Zuckerlieferant der Ameisen. Und so wichtig sind ihnen ihre „Milchkühe", daß einige Arten sogar die Fürsorge für die Brut der Läuse übernehmen und den erwachsenen Tieren im Winter ein geschütztes Quartier suchen, in das sie sie hineintragen, wenn es kalt wird.

Wir werden sehen, daß einige Ameisen sich ständig als Wächter bei den Läusen aufhalten. Es ist beobachtet worden, daß dabei einzelne Ameisen immer ganz bestimmte Blattläuse bewachen. Wir wollen versuchen nachzuprüfen, ob das stimmt!

Mit einigen weiteren Fragen wollen wir dies Kapitel beschließen. Ihre Beantwortung soll unsere Beobachtung leiten und unsere Kenntnisse des Ameisenlebens vertiefen. Noch einmal aber sei betont, daß tausend andere Fragen und Beobachtungsmöglichkeiten sich ergeben, wenn man mit den Tieren seines Formikars erst einmal vertraut geworden ist. Es soll unsere besondere Freude sein, solche neuen Fragen selbst aufzuwerfen und uns an ihrer Beantwortung durch Beobachten unseres Ameisenstaates selbst zu versuchen.

1. Niemals sehen wir Kot, Abfälle oder tote Ameisen im Formikar. Wo bleiben alle diese Dinge?
2. Im Nest ist es kalt, im Auslauf aber scheint warm die Sonne (evtl. eine starke Lampe). Was passiert?
3. Es regnet im Auslauf (feiner Zerstäuber oder Gießkanne — später nach dem Versuch aber den Auslauf wieder gut austrocknen lassen!). Was geschieht?
4. Im Auslauf krabbelt ein großes Insekt umher; niemals könnten die Ameisen es durch die enge Röhre ins Nest schleppen. Können sie es töten? und dann: Wie können sie die Nahrung ins Formikar bringen?
5. Den Blattläusen im Auslauf droht Gefahr von ihrem Erbfeind, dem Marienkäfer. Was tun die Ameisen zum Schutz ihrer „Kühe“?
6. Im Auslauf tauchen einige fremde Ameisen auf, die aus einem anderen Nest stammen. Was geschieht mit ihnen?
7. Lebende Larven und Puppen aus einem fremden Nest (evtl. von einer anderen Art) liegen im Auslauf. Was wird aus ihnen?
8. Wenn wir draußen in Feld und Wald weiterhin unter Steinen und in alten Baumstümpfen nach Ameisennestern suchen und scharf beobachten, so werden wird dort unter den Arbeiterinnen und zwischen der Brut in den Gängen der Kolonie gelegentlich auch andere Insekten finden (Käfer), die kaum größer als die Ameisen sind. Sie heißen „Ameisengäste“, und wir wollen sie behutsam nach Hause tragen und in unser Formikar oder in den Auslauf setzen. Welche Rolle spielen sie im Ameisennest?
9. Etwas ganz Aufregendes geschieht: eine fremde Königin sitzt im Auslauf. Was wird unser königstreues Volk mit ihr beginnen?

10. Und wenn wir schließlich die alte Königin aus dem Formikar entfernen und eine neue der gleichen Art im Auslauf aussetzen — wird unser verwaistes Volk sie zur Nachfolgerin erwählen?

Mit solchen und anderen Beobachtungen wird das Jahr schnell vergehen. Bald wird nun auch das Weibchen in unserem ersten Formikar (s. S. 114) seine Kolonie gegründet haben und ein starkes Volk regieren, und so werden wir nun schon zwei Völker pflegen und versorgen müssen. So viel wird es dabei zu beobachten geben, daß wir die stillen Stunden mit unseren Formikarien bald nicht mehr missen mögen und unsere Völker beinahe so gut kennen wie die Königinnen selbst. Für viele Jahre kann uns unser Staat begleiten, denn 15 bis 20 Jahre ist kein ungewöhnliches Alter für eine Kolonie.

Daß unsere Ameisen gut gedeihen, werden wir am besten daran merken, wenn der „geheime Rat" dieser Tiere eines Tages beschlossen hat, auch Geschlechtstiere aufzuziehen, und so schließlich — meist erst nach einigen Jahren — geflügelte Männchen und Weibchen aus dem Formikar in den Auslauf strömen. Dann kommt der Auslauf ans offene Fenster, damit die Tiere hinausfliegen können, um nach kurzem Hochzeitsflug irgendwo draußen — in einer Erdritze oder Rindenspalte — von neuem den geheimnisvollen und wunderbaren Kreislauf des Lebens im Ameisenstaat beginnen zu lassen.

7

WAS KÖNNEN WIR WEITER TUN?

Wer dieses Buch nicht nur bis hierher durchgelesen hat, sondern auch die vorgeschlagenen Zuchten und Beobachtungen durchführte, dem wird die stille Forscherfreude bei der Beschäftigung mit unseren einheimischen Kerbtieren Lohn genug für die aufgewandte Mühe gewesen sein. Er hat einen Blick in die Geheimnisse des Insektenlebens getan und dabei gleichzeitig einige Kenntnisse über den Bau, den Lebenslauf und die Tätigkeit dieser Tiere gewonnen. So werden manche Leser dies Buch mit dem Wunsche beiseite legen, sich auch weiterhin mit den Insekten zu beschäftigen — mit einer Welt, die so nahe vor unseren Augen und in ihren tiefen Urgründen doch so fern von uns nach ihren eigenen Gesetzen existiert. Für solche Leser und ihre Frage „Was können wir weiter tun?" sollen die folgenden Seiten einige Hinweise geben.

Die Kenntnis der Einzelformen ist bei der unübersehbaren Artenzahl der Insekten naturgemäß schwierig und in ihrem Umfang sehr beschränkt. Es gibt zweifellos keinen einzigen Menschen, der alle Kerbtierarten unserer Heimat kennt. Dagegen gibt es eine große Zahl sogenannter „Spezialisten", die alle Gattungen einer Insektengruppe und innerhalb dieser Gattungen alle Arten ihres Sammelgebietes überschauen. Es sind dies keineswegs immer Berufszoologen, sondern gerade in der Insektenkunde sehr häufig nebenberufliche Liebhaber, Lehrer, Förster, Ärzte oder auch Angehörige ganz anderer Berufe, welche in stillem Studium und fleißiger, gewissenhafter Beobachtungs- und Sammelarbeit auf ihrem Spezialgebiet Erfahrungen gesammelt haben, die für die Wissenschaft unentbehrlich sind. Oft gibt es für eine Insektengattung nur einen Menschen auf der ganzen Erde, der hier wirklich alle Arten überblicken und beurteilen kann, und für viele schwierige Gruppen gibt es sogar oft jahrzehntelang überhaupt keinen Spezialisten, so daß die Artzugehörigkeit eines unbekannten Tieres dieser Gruppe unbestimmbar bleibt, bis ein neuer Fachmann zur Verfügung steht. Die Ergebnisse der Arbeit dieser Spezialisten sind in Büchern und Zeitschriften niedergelegt, die riesige Bibliotheken füllen, und auf denen spätere Spezialisten aufbauen können.

Die Unmöglichkeit, alle Insektenarten zu kennen, soll uns aber nicht davon abhalten, wenigstens mit den größeren Gruppen vertraut zu werden. Wenn auch die Bestimmung einer einzelnen Art manchmal auf fast unüberwindliche Schwierigkeiten stößt, so sollte doch die Einordnung eines Kerbtieres in eine der bekannten Insektenordnungen für jeden Naturfreund eine Selbstverständlichkeit sein und jeder Insektenfreund darüber hinaus sich das Ziel setzen, alle (etwa 200) Insektenfamilien seiner Heimat erkennen zu können. Dies ist bei einiger Übung gewiß nicht schwieriger als das Unterscheiden von hundert Auto- und Flugzeugtypen, die heute doch fast jeder Junge von 15 Jahren beherrscht.

Kann man einen Gegenstand einem „Typ“ zuordnen, so hat dies für unseren Wissensdrang stets den Vorteil, daß wir nun wesentlich mehr über ihn aussagen können, als wenn er nur als Einzelding vorliegt. Wenn wir zum Beispiel ein bunt schillerndes, glasflügeliges Insekt fangen und erkennen können, daß es eine Libelle ist, dann wissen wir damit zugleich (da es für alle Libellen gilt), daß dieses Tier mindestens ein Jahr als gefräßige Larve in einem benachbarten Teich oder Fluß aufgewachsen sein muß, daß es als Nymphe vor wenigen Tagen an Land gekrochen ist und sich zum Vollkerf häutete, das nun auf der Jagd nach anderen Insekten umherfliegt, um in wenigen Wochen, wenn es seine Eier in einem Gewässer abgelegt hat, ermattet zu sterben.

Aus diesen Gründen sollten wir uns stets bemühen, die Bestimmung eines Insektes so weit wie möglich durchzuführen. Je weiter wir damit kommen, um so mehr werden wir über das untersuchte Tier wissen bzw. nachlesen können. Die kurze Beschreibung der einzelnen Ordnungen und die beigefügten Abbildungen auf S. 20—36 sind fürs erste ausreichend, um die Einordnung eines Insektes in eine dieser Ordnungen vornehmen zu können. Die weitere Bestimmung — bis zur Familie, Gattung oder gar Art — wird dann nur an Hand von speziellen Bestimmungswerken möglich sein. Daß eine solche Bestimmung nicht immer leicht ist, wird man beim Benützen der Spezialwerke bald bemerken — aber gerade bei einer schwierigen Form wird die Freude um so größer sein, wenn man zum Ziel gelangt, und man wird staunen, was auf dem Wege dahin alles zu erfahren ist über bis dahin nicht beachtete Eigentümlichkeiten dieser Tiere. Einige wichtige Bestimmungswerke für die einzelnen Insektengruppen sollen hier aufgeführt werden.

Für alle Ordnungen und Familien, (in den meisten Fällen sogar für die

Gattungen und manchmal die Arten) leistet vorzügliche Dienste:

Brohmer, Fauna von Deutschland. Ein Bestimmungsbuch unserer heimischen Tierwelt. (Heidelberg 1953)

Für die einzelnen Ordnungen existieren u. a. folgende Bestimmungswerke:

Urinsekten:	Handschin,	Protura, Collembola, Diplura, Thysanura. Tierwelt Deutschlands, Teil 16 (Jena 1926)
Eintagsfliegen:	Ulmer,	Eintagsfliegen. Tierwelt Mitteleuropas 4 (Leipzig 1929)
	Schoenemund,	Eintagsfliegen oder Ephemeroptera. Tierwelt Deutschlands 19 (Jena 1930)
Steinfliegen:	Illies,	Steinfliegen oder Plecoptera. Tierwelt Deutschlands 43 (Jena 1955)
	Schoenemund,	Steinfliegen. Tierwelt Mitteleuropas 4 (Leipzig 1927)
Libellen:	Schiemenz,	Die Libellen unserer Heimat (Jena 1953)
	May,	Libellen oder Odonata. Tierwelt Deutschlands 27 (Jena 1933)
	Schmidt,	Libellen. Tierwelt Mitteleuropas (Leipzig 1929)
Heuschrecken, Ohrwürmer, Fangschrecken, Schaben:		
	Ramme,	Orthoptera (Geradflügler) in Brohmer, Fauna von Deutschland (s. oben)
Läuse:	Jancke,	Läuse (Anoplura) Tierwelt Deutschlands 35 (Jena 1938)
Blasenfüßler:	Priesmer,	Die Thysanopteren Europas (Wien 1927)
Wanzen:	Stichel,	Die Wanzen Deutschlands
Hautflügler:	Schmiedeknecht,	Die Hymenopteren Nord- und Mitteleuropas (Jena 1930)
	Hedecke,	Hautflügler. Tierwelt Mitteleuropas 5 (Leipzig 1930)
Käfer:	Bechyné,	Welcher Käfer ist das? (Stuttgart 1953)
	Reitter,	Fauna Germanica. Die Käfer des deutschen Reiches, 5. Bd. (Stuttgart 1908 — 1916)
	Kuhnt,	Illustrierte Bestimmungstabelle der Käfer Deutschlands. (Stuttgart 1913)
Fächerflügler:	Ulrich,	Strepsiptera. Tierwelt Mitteleuropas 5 (Leipzig 1930)
Netzflügler:	Stitz,	Neuroptera. Tierwelt Mitteleuropas 6 (Leipzig 1935)
Köcherfliegen:	Ulmer,	Trichoptera. Süßwasserfauna Deutschlands 5/6 (Jena 1909)
	Ulmer,	Trichoptera. Tierwelt Mitteleuropas 6 (Leipzig 1927)
Schmetterlinge:	Forster-Wohlfahrt,	Die Schmetterlinge Mitteleuropas (Stuttgart 1954)
Flöhe:	Peus,	Die Flöhe (Leipzig 1938)

Jedes dieser Werke enthält eine Einführung in das spezielle Studium der betreffenden Gruppe, so daß man sich bei ernsthafter Bemühung leicht einarbeiten kann. Natürlich wird ein Einzelner kaum jemals alle angeführten Bestimmungsbücher zur Verfügung haben. An das eine oder andere von ihnen aber wird man einmal herankommen können — es notfalls in einer Bibliothek ausleihen — und dann Gelegenheit haben, die betreffende Insektengruppe eingehender zu betrachten. Ob man selbst dabei zum „Spezialisten" wird, und welcher Kerbtiergruppe man sich dabei endgültig zuwendet, sollte man der Zeit überlassen. Schmetterlings- und Käferkenner gibt es heute in einiger Zahl, die meisten anderen Ordnungen aber sind stark vernachlässigt und bedürfen dringend weiterer Fachleute.

Wenn man sich selbst auf diesen Weg begeben will, so soll man sich rechtzeitig nach gleichgesinnten und nach erfahrenen Kollegen umsehen, denn die Zusammenarbeit mit anderen Insektenfreunden wird gerade in der Anfängerzeit manche wertvolle Hilfe leisten. In größeren Städten gibt es gewöhnlich Entomologen-Vereine, denen man sich anschließen kann (auch Fachzeitschriften sorgen für die Verbindung unter den Entomologen), und auch fernab der Großstädte findet sich in jedem Gebiet Deutschlands hier und dort ein Insektenliebhaber, der mit Freuden jedem Anfänger in seiner Wissenschaft die ersten Hinweise und Ratschläge geben wird. Vor allem wird man bei solchen Sammlern erfahren können, welche Insektengruppe in dem betreffenden Gebiet besonders lohnend für ein eigenes Studium ist. Man wird auch an Sammelausflügen teilnehmen können und so die grundlegenden Erfahrungen für die eigene Arbeit gewinnen.

Zur näheren Beschäftigung mit Insekten gehört natürlich vor allem auch die Anlage einer S a m m l u n g. Aus purer Sammlerleidenschaft — um seltene Formen zu besitzen, zu tauschen oder gar zu verkaufen — sollte eine solche Sammlung freilich nicht aufgebaut werden; dafür eignen sich Briefmarken zweifellos besser. Wer ein wirklicher Insektenfreund sein will, dem wird es leid tun um Tiere, die aus reinem Sammeltrieb oder aus ähnlichen Gründen getötet und dann in Kästen gespießt werden, in denen sie unfehlbar nach wenigen Jahren in einer staubigen Bodenecke dem allmählichen Zerfall entgegengehen. Wenn wir aber die ernste Absicht haben, einen Teil unserer Freizeit in den Dienst der Insektenwissenschaft und der Erforschung unserer Heimat zu stellen, so wird der Aufbau einer Sammlung für uns ein Anliegen sein, dem wir uns mit Freude und Gewissenhaftigkeit unterziehen. Die Pflege und Erweiterung dieser Sammlung werden uns viele Stunden reinen Forscherglückes und stiller Besitzerfreude schenken.

Wir sollten damit beginnen, daß wir eine Sammlung aufbauen, in der sich von jeder Ordnung oder gar von jeder Familie der Insekten unserer Heimat ein Vertreter befindet. Kein Buch und keine Abbildung kann die Freude ersetzen, die man empfindet, wenn man sich einen solchen Überblick über die Kerbtierwelt selbst erwirbt. Diese Übersicht der Insektenordnungen ist der große Rahmen — was dann folgt, sollte bescheiden beginnen. Es hat keinen Zweck, d i e Insekten oder d i e Käfer Deutschlands zu sammeln; die Unmöglichkeit, hier jemals vollständig zu sein, ist auf die Dauer entmutigend und die Ergebnisse eines solchen Bemühens sind meist ziemlich wertlos. Dagegen ist eine Sammlung mit bescheidenem Ziel oft von großem Wert für die Wissenschaft und für den Sammler selbst Ansporn zu immer eingehenderer Vertiefung.

Versuchen wir also, die Insektenwelt e i n e s Biotops (z. B. eines der in diesem Buche behandelten Lebensräume) vollständig zu sammeln und zu bestimmen! Und wenn wir dabei einer Insektengruppe unser ganz besonderes Interesse schenken, so können wir gleichzeitig oder später auch daran gehen, alle Arten dieser Gruppe in unserem engeren Heimatgebiet aufzuspüren.

Stets soll den Sammler bei seinen Jagdausflügen das Protokollheft begleiten, in dem er die Fangumstände sorgfältig einträgt. Diese Notizen zusammen mit der Sammlung sind dann ein echtes Stück wissenschaftlicher Arbeit, und bald wird man die Freude erleben, auf einem kleinen Gebiet „Fachmann“ zu sein und schließlich sogar selbst neue Erkenntnisse für die Wissenschaft aufzufinden.

Auf die Technik der Anlage einer Sammlung soll hier nicht eingegangen werden. Es gibt eine Fülle ausgezeichneter Anleitungen, und auch die meisten Bestimmungswerke spezieller Gruppen enthalten besondere Anweisungen über Fanggeräte, Tötung und Konservierung. Es sei hier nur auf das kleine Büchlein der Franckh'schen Verlagshandlung, Stehli — Sammeln und Präparieren von Tieren —, hingewiesen.

Bestimmen und Sammeln von Insekten sind wichtige Schritte auf dem Wege zur Insektenforschung — früher waren es sogar fast regelmäßig die einzigen, die der Liebhaber dieser Tiere kannte. Hier jedoch sind beide Dinge absichtlich ganz im Hintergrund gelassen, weil mit der modernen Wissenschaft der Ökologie das Z ü c h t e n und B e o b a c h t e n besondere Bedeutung gewonnen hat. Die ausgewählten Beispiele, an Hand derer der Leser in diesem Buche einfache Methoden der Züchtung und Beobachtung kennen lernte, haben ihn mit genug Erfahrungen ausgestattet, um auf eigene Faust seine Kunst an anderen Insekten zu versuchen.

Er begibt sich damit auf ein Gebiet, in dem auch heute noch neue Entdeckungen sozusagen auf der Straße liegen. Es gibt Tausende von Insekten unserer Heimat, deren Larvenstadien noch unbekannt sind. Wem es gelingt, sie zu züchten und auf diese Weise den Entwicklungsgang vom Ei über Larve und Puppe (oder Nymphe) bis zur Imago in seine Sammlung zu bringen, der wird neben aller Freude, die er selbst am Gelingen einer solchen Zucht hat, der Wissenschaft einen wichtigen Dienst erweisen. Die Zuchten werden allerdings meist nicht so einfach durchzuführen sein, wie bei Mehlwurm und Tagpfauenauge, und manchmal wird es aller Geschicklichkeit und sehr vieler Geduld bedürfen, ehe man zu einem Ergebnis gelangt — um so größer aber wird die Befriedigung über den Erfolg sein.

Was schließlich das Beobachten betrifft — das natürlich sowieso bei jeder Beschäftigung mit Insekten, sei es Sammeln und Bestimmen, sei es Zucht, dazu gehört — so ist die Untersuchung von Instinkten (z. B. der Brutpflege), von Sukzessionen und Aspekten der Lebensgemeinschaften und anderen Eigentümlichkeiten im Daseinsablauf der einzelnen Art und der Gemeinschaft so weitgehend Neuland, daß der Insektenfreund, der sich dieser Arbeit widmen will, über Mangel an lohnender Gelegenheit niemals zu klagen haben wird. Wenn wir schon von den ca. 30 000 Insektenarten unserer Heimat die Larvenstadien kaum bei einem Viertel kennen, so ist die Zahl der Arten, deren Lebensgewohnheiten genau erforscht sind, noch erheblich geringer. Die wirtschaftlich wichtigen Insekten (besonders die Schädlinge) sind natürlich schon oft genau untersucht worden, denn nach ihrer Lebensweise muß sich ja die Bekämpfung richten. Aber das jahreszeitliche Auftreten „harmloser" Käfer (s. z. B. Abb. 56), die Nahrung einer Eintagsfliegenlarve, der Gehäusebau einer Köcherfliege, die Unterschiede in der Zusammensetzung der Insektengemeinschaft verschiedener Pflanzengesellschaften (s. S. 45) und sehr viele andere Beobachtungen müssen wiederholt oder gar erstmalig angestellt werden.

Ein weites Land — die stille, tausendfältige Welt der Insekten — wartet in Wald und Feld, Wiese und Teich auf den, der es als Forschungsreisender durchqueren will, um hier und dort einen Zipfel von dem Schleier zu lüften, der noch über geheimnisvollem Dunkel liegt.

SACHVERZEICHNIS

INSEKTENVERZEICHNIS
(deutsche Namen)

INSEKTENVERZEICHNIS

(wissenschaftliche Namen)